I0030658

CONSEILS

A MONSIEUR

LE DOCTEUR GARRIGOU

GÉOLOGUE, MINÉRALOGISTE DE PREMIER ORDRE, CHIMISTE HORS LIGNE,

LUMIÈRE MÉDICALE PRÉCIEUSE,

MEMBRE DE PLUSIEURS SOCIÉTÉS SAVANTES FRANÇAISES ET ÉTRANGÈRES,

PAR

J. MELLIÉS

TOULOUSE

1874

MONSIEUR,

Un de mes professeurs les plus affectionnés me disait un jour : Les vrais amis sont souvent désagréables; car ils ont le courage de vous dévoiler vos fautes sans ménagement, au risque de froisser votre amour-propre. Pourtant ils sont utiles et on leur doit de la reconnaissance, précisément à cause de leur franchise.

Un savant tel que vous doit être particulièrement heureux de trouver sur son chemin une de ces franches natures ; car il peut, grâce à elle, connaître ses erreurs, les réparer, s'il en est temps, et éviter d'en commettre de nouvelles.

Il doit fuir ces hommes dont le bon Lafontaine a dit :

Rien n'est plus dangereux qu'un imprudent ami,
Mieux vaudrait un sage ennemi.

Vous avez quelques imprudents flatteurs, et c'est d'autant plus fàcheux que vous méritez, sous tous les rapports, qu'un homme dévoué vous éclaire de ses conseils.

Vos imprudents amis vous disent tous les jours :

Vous possédez le premier laboratoire du monde, vous n'êtes pas seulement *un géologue, un minéralogiste de premier ordre et un chimiste hors ligne; mais encore une lumière médicale précieuse dont le talent hautement en relief est une autorité dans la science. Nul autre que vous ne possède les moyens matériels de conduire à bonne fin une analyse chimique. Par conséquent tout propriétaire d'un établissement thermal qui confiera le soin d'étudier les eaux de ses sources à un autre que vous, aura un travail fait sans soins, sans précautions, faux d'un bout à l'autre. Tout ce qu'il aura entrepris d'après les conseils d'un autre que vous sera mal établi;* car quiconque ne possède pas un alambic en platine est incapable de donner un bon conseil. *Voyez plutôt ce qui a lieu à Luchon, où l'on a dépensé un million en pure perte et où tout est à refaire,* parce qu'on ne vous a pas consulté.

Un ami dévoué vous tiendrait un tout autre langage. Il vous dirait :

Vous avez un beau laboratoire et beaucoup

d'instruments ; mais cela ne prouve pas que vous soyez un vrai chimiste. On peut posséder toutes ces richesses et ne pas savoir s'en servir, comme on peut faire des analyses très-exactes et même de fort belles découvertes sans posséder tous ces appareils dont vous êtes trop fier ; Scheele, qui était loin d'avoir le premier laboratoire du monde, a fait de magnifiques travaux. Ne tirez donc pas vanité de vos richesses et ne concluez pas de ce que vos voisins sont pauvres, qu'ils ne sont ni habiles ni consciencieux. Vous avez beaucoup écrit, et l'on prétend qu'il vous est arrivé fort souvent de commettre des fautes impardonnables, d'oublier l'observation des convenances, d'écrire le lendemain le contraire de ce que vous aviez publié la veille, etc., etc...

Vous avez aussi des ENNEMIS !... qui, frappés de la multitude de vos travaux et de leur variété, assurent que vous constituez un genre nouveau dans le type de *la mouche du coche*. Ils ne vous appellent plus que *la mouche de la science*.

L'un d'eux, parlant de vous, me disait :

Il n'a qu'une idée fixe, il veut faire croire à son importance. A tout prix, il faut qu'on parle de lui. Il a soif de renommée et il a la *toquade* de vouloir l'obtenir par la science. Par son peu de succès, il a pu se convaincre de son infériorité intellectuelle; il sait qu'il ne peut atteindre son but dignement par le travail et l'étude; aussi a-t-il pris le chemin de traverse et nous le voyons, à cheval sur la réclame, présenter comme siennes les découvertes des autres; enveloppant ses larcins scientifiques de bon nombre d'insanités de son cru, il a fait de cette agglomération un tout qu'il colporte de congrès en congrès, qu'il répand à profusion dans les revues scientifiques, dans les journaux affamés de copie et jusque dans les Guides des voyageurs. C'est ainsi qu'il est arrivé, non-seulement à tromper les niais, mais encore à faire des dupes dans le monde scientifique. Et avec cela agressif en diable, et criant à l'assassin sitôt qu'on riposte.

Nous allons, si vous le voulez bien, rechercher ensemble si ces reproches sont fondés. Je veux être pour vous cet ami sincère et dévoué qui vous a manqué jusqu'à ce jour.

Pour procéder avec méthode, nous classerons les fautes qui vous sont reprochées, comme vous classez vous-même vos qualités. Dans une de vos publications vous vous êtes défini : *Un homme de science honnête et droit.* Nous étudierons donc vos œuvres au *triple* point de vue *de la science, de l'honnêteté, et de la droiture.* Et pour ne pas perdre de temps, entrons en matière.

Nous laisserons de côté les travaux que vous avez publiés sur divers sujets, se rapportant à la géologie, et à l'époque préhistorique. Nous concentrerons toute notre attention sur vos recherches chimiques. Ainsi limitée, notre revue sera bien incomplète. Mais je ne suis pas un savant au triple point de vue, comme vous, et je tiens à ne m'occuper que de ce que je sais bien.

PREMIÈRE PARTIE

LA SCIENCE DU DOCTEUR GARRIGOU

CHAPITRE PREMIER

Où nous allons examiner les belles choses que vous avez écrites sur les eaux d'Ax (Ariége).

La première partie de votre ouvrage est consacrée à une notice historique sur la ville d'Ax et aux analyses de ses eaux faites par le docteur Pilhes, Dispan et autres. Nous n'avons pas à nous occuper de toute cette érudition, allons droit au point où commencent vos propres travaux, au chapitre IV.

Supposant que vos lecteurs, chimistes ou méde- Page 41
cins, ne savent pas ce que c'est que la sulfhydrométrie, vous prenez la peine de le leur apprendre en ces termes :

La théorie de la sulfhydrométrie est bien simple à faire connaître : L'iode remplace équivalents par équivalents le soufre des sulfures.

Je suppose que vous savez que cela ne se passe pas toujours de cette manière et que, par exemple, dans le cas d'un bisulfure, un seul équivalent d'iode déplace deux équivalents de soufre. Ainsi votre définition est fausse.

Nous occuperons-nous de la faute de calcul qui Page 43
se trouve un peu plus loin? Ces sortes d'erreurs sont

si communes dans vos ouvrages, qu'il serait oiseux de vouloir les signaler toutes. Qu'il me suffise de vous dire une bonne fois, que presque tous vos calculs sont faux. Je ne puis pas affirmer que vous saurez un jour un peu de chimie ; mais pour ce qui regarde l'arithmétique, avec un peu de travail, vous pourriez arriver à la connaître assez pour vos besoins. Il vous suffirait des quatre premières opérations. Que diable, les calculs de la chimie ne sont pas ceux de la connaissance des temps !

Page 46 Nous passerons sous silence également les deux premières énormités inscrites à la page 46, parce que leur démonstration serait un peu longue. Arrivons à la troisième. Vous prétendez que pour détruire l'alcalinité de l'eau, on peut aussi bien se servir de chlorure de barium contenant du fer, que de chlorure de barium pur, et que les résultats que vous avez obtenus dans les deux cas sont identiques.

Mais, Monsieur, c'est tout simplement impossible dans les circonstances actuelles, parce que le sulfure de fer qui se forme, étant insoluble, ne se décomposerait que lentement par l'iode, et le procédé perdrait toute son exactitude.

Page 47 Puis, à propos de la sulfhydrométrie renversée, vous dites : *Ce procédé m'a bien souvent servi comme vérification du premier, les résultats ont toujours été parfaitement concordants.*

Je conclus de là que vous n'avez jamais employé ce mode de vérification, parce qu'il donne des résultats plus faibles que la sulfhydrométrie directe.

Ce que nous lisons de la page 50 à la page 53 semble avoir été écrit tout exprès pour donner raison à vos ennemis. Il y est question de l'influence des pluies sur la température et la sulfuration des eaux. Vous dites : Pages 50-53

J'ai remarqué, pour certaines sources, que les pluies en abaissent très-vite la température et diminuent sensiblement leur degré sulfhydrométrique. La fontaine gauche du Coustou, après un jour de pluie, voit sa température s'abaisser de 5° ou 6° et sa sulfuration perdre jusqu'à cent pour cent. (Pauvre source!)

A la page 52, vous donnez le résultat de dix analyses faites par vous, prouvant tout le contraire, et à la page suivante, vous ajoutez : *Ainsi donc, comme on le voit, c'est avec une grande sécheresse qu'ont coïncidé les degrés sulfhydrométriques les plus faibles, et ce n'est qu'après les saisons pluvieuses que ces degrés sulfhydrométriques se sont élevés.*

Ainsi la pluie qui tombe sur la page 50 *diminue* le degré sulfhydrométrique, et celle qui mouille la page 53 l'*augmente*. Vous répondrez peut-être que cela prouve au moins une chose, c'est que si vous vous trompez souvent, vous ne vous trompez pas toujours, car l'une de ces versions doit être vraie.

Oh ! vous avez raison ; il y en a une de vraie et c'est la première, justement celle que contredisent vos analyses de la page 52. Comment voulez-vous qu'on ne pense pas, que le jour où vous avez trouvé de si beaux résultats vous aviez fait comme la source du Coustou, que vous aviez perdu cent pour cent de votre bon sens. Il pleuvait peut-être ce jour-là.

Passons à un autre bouquet de fautes. Car il faut procéder ici d'après la méthode des astronomes qui veulent décrire le ciel : et grouper les erreurs comme ils groupent les étoiles. Nous n'avons pour

De 54 à 67 cela qu'à tourner le feuillet, et nous trouvons le commencement d'un long tableau qui se continue sur *quatorze* pages. On y trouve le nom des sources, leur température, la pression atmosphérique, la sulfuration par litre, la sulfuration par bain, l'alcalinité par litre et l'alcalinité par bain.

On appelle bain, dans ces sortes de travaux, un volume déterminé d'eau, ordinairement trois cents litres. De telle sorte qu'on n'a qu'à multiplier par 300 les nombres correspondant au litre pour avoir ceux qui correspondent au bain. C'est là, sans doute, un calcul bien simple. Eh! bien, sur *quarante-huit fois* que vous faites cette opération, vous vous trompez *trente-deux fois.* De telle sorte que vous avez, en réalité, dans ces tableaux, un bain de 326 litres, un autre de 314, un autre de 307 ; vous en avez 16 de 300 litres, un de 266,7, un de 241, un de 210 et ainsi de suite jusqu'à un de 100 litres.

Voyez, docteur, si j'exagère en vous conseillant d'étudier votre arithmétique. Vous ne savez pas multiplier un nombre par 300 !...

Mais ce n'est pas tout ; si nous prenons la peine de lire ce tableau avec un peu d'attention, nous ne tarderons pas à voir que sa valeur en chimie équivaut à son exactitude arithmétique. Nous y trouverons, en effet :

1° Que le bain fort de 200 litres contient 9gr,7 d'alcali, tandis que celui de 150 litres en contient 13gr,10.

2° Que la source Saint-Roch, à droite, est quinze fois plus sulfureuse et dix fois moins alcaline que Saint-Roch, à gauche.

3° Que la sulfuration de la source Fontan augmente quand son alcalinité diminue des deux tiers de sa valeur.

4° Qu'un bain de 300 litres de la source du Rossignol contient 28 grammes d'alcali.

5° Que celui de la source Florence en contient 29 grammes et celui de la source du Foulon 35.

6° Que l'alcalinité de la source des Canons varie de 24 à 92 et sa sulfuration de 17 à 21 seulement.

7° Que *l'eau de la rivière* qui coule dans la vallée est *deux fois* plus alcaline que celle de la source Fontan et *six fois* plus que celle de la source Saint-Roch.

Etc.....

Etc.....

Ceci n'a pas besoin de commentaires. Illustre docteur!

Page 69 Allons plus loin ; car si nous voulions tout relever dans ce mirobolant tableau, nous ne finirions pas. D'ailleurs, nous en trouvons un autre deux pages plus loin. Celui-ci a la prétention de prouver que presque toutes les sources d'Ax ne donnent que des eaux dégénérées, que l'eau bleue est l'une des moins altérées, et que celle qui l'est au plus haut degré est fournie par le Rossignol supérieur.

Justement le contraire de ce que l'on sait.

Page 86 Laissons la question du serpentinage, ainsi que le commencement du chapitre sur l'eau bleue, quoiqu'il y ait là des assertions bien étranges. J'ai hâte d'arriver à la page 86, car elle est splendide. Dès la première ligne on y trouve cette phrase qui mérite bien l'honneur d'un cadre doré.

LE SILICIUM *est un corps jouissant comme* L'ALUMINIUM, *de la propriété de n'exister dans les eaux chaudes qu'à l'état d'acide silicique, de silice, car il est immédiatement* DÉCOMPOSÉ *par l'eau et à ses dépens en acide sulfhydrique et en silice. Comment donc un corps aussi altérable pourrait-il exister dans les eaux sulfureuses?*

Ainsi des corps simples, le silicium, par exemple, sont décomposés par l'eau..... Vous avez donc juré de dérider les plus moroses?

Quelques lignes plus loin nous trouvons une assertion qui risque fort de ne rencontrer que bien peu de partisans. C'est à propos de l'eau bleue. Même page.

Ces bains ne sont pas cependant sans action, car le SOUFRE *une fois en suspension dans l'eau est de nouveau* DISSOUS *par elle quoique bien lentement et se transforme en hyposulfite et quelquefois même en sulfite.*

On comprend qu'après une telle découverte scientifique, on puisse se croire le droit de jouer au grand homme.

Votre exposé des théories du blanchiment des eaux a fait beaucoup rire; vos ennemis s'en sont donné à cœur joie. Et quand vous arrivez à en adopter une qui ne vous appartient pas, ce que je prouverai plus tard, non-seulement vous vous l'attribuez; mais en voulant l'amplifier vous dites des choses si drôles, que je ne puis, en vous lisant, m'empêcher de rire aussi. Et je parie que vous rirez vous-même sur ce passage que je transcris : Même page.

Mais tout le monosulfure n'a pas été transformé en bisulfure, une partie est restée indécomposée et comme il y a de la silice en excès et que LE SOUFRE EST DÉPLACÉ PAR CET ACIDE SILICIQUE, *il arrive un moment où* LA SILICE A REMPLACÉ TOUT LE SOUFRE *qui se trouve en* LIBERTÉ *et à l'état de poussière très-fine qui colore l'eau en blanc ou en bleu, suivant sa plus* Page 88 *ou moins grande abondance en même temps qu'il est fait un peu d'acide sulfhydrique.*

D'abord la silice ne peut pas remplacer le soufre et puis si TOUT LE SOUFRE est mis en liberté, avec quoi donc pouvez-vous faire de l'acide sulfhydrique ? Vous consacrez dix-huit pages de votre livre à l'eau bleue et du commencement à la fin c'est même logique et même science.

Page 95 Dans le chapitre suivant, vous étudiez l'état des eaux d'Ax après le transport à Toulouse. Vous arrivez à conclure que l'eau de presque toutes les sources augmente en valeur sulfhydrométrique, et pas de peu, car leur sulfuration peut devenir quinze fois plus forte. La source Viguerie présente même cette particularité que si l'eau a été mise en bouteilles pendant qu'elle était encore chaude, sa sulfuration, six mois après, a diminué de 20 à 16 et si on a pris le soin de refroidir avant son embouteillement, sa sulfuration augmente de 14 à 52.

Au premier coup d'œil ça paraît fort ; mais en y regardant de plus près, on s'aperçoit que le phénomène est bien plus remarquable. En effet, si nous prenons tout le soufre que vous accordez à cette eau dans l'analyse de la page 108 et que nous le transformions en sulfure de sodium, nous n'arrivons qu'au nombre 38. Pour parfaire la quantité 52 il a fallu qu'il en tombe 14, du ciel, dans la bouteille fermée.....

Oh ! vous êtes un chimiste hors ligne !

Il faudrait relever tant de fautes dans le chapitre consacré aux analyses des trois sources principales d'Ax que je n'ai pas le courage d'entreprendre ce travail. Tout y est faux. Pour ne faire qu'une citation, je vous dirai que les deux tableaux où sont consignés les résultats de chacune de ces analyses donnent des sommes égales pour la quantité des éléments déterminés pour la balance et pour celle des composés qu'ils peuvent produire.

Vous avez oublié qu'une certaine quantité d'oxygène qui figure dans le premier ne se trouve pas dans le second.

Enfin, passant à l'étude de l'air des étuves, vous donnez pour sa composition :

11,1 d'oxygène. 88,9 d'azote.

Que peut-on dire d'un chimiste qui publie de tels résultats? Et que penser d'un médecin qui envoie ses malades respirer un air qu'il croit aussi vicié, sans s'inquiéter s'ils en sortiront vivants?

CHAPITRE II

Dans lequel nous allons éplucher votre publication, intitulée : *Théorie de la formation des eaux sulfureuses.*

Jusqu'à ces derniers temps, on avait considéré le foin comme ne pouvant être raisonnablement employé à autre chose qu'à nourrir certains animaux et à rembourrer les bottes des personnes jouissant de gros revenus.

Il était réservé aux savants du dix-neuvième siècle de prouver qu'on peut en faire un plus noble usage, et c'est à vous, illustre docteur, que revient l'honneur d'avoir prouvé que le foin peut intervenir, d'une manière sérieuse, dans la production des sulfures alcalins qui minéralisent les eaux thermales des Pyrénées.

Cette découverte, qui est, sans contredit, l'une des plus glorieuses de notre époque, a souvent fait jeter des cris d'horreur à des gens du monde. Ils ne pouvaient pas songer, sans éprouver une émotion des plus pénibles, qu'il avait pu leur arriver de boire une infusion de plantes fourragères. Leurs protestations vous ont fait sourire, et vous avez eu raison. Quand le foin est détourné de sa destination normale, pour servir à des recherches scientifiques, les ânes seuls ont le droit de se plaindre.

C'est en l'an de grâce 1868, et le 26e jour du mois de mai, que vous avez présenté à l'Académie de médecine de Paris le Mémoire où se trouvent exposés les résultats de vos remarquables recherches.

Vous prouvez dans ce travail : que les eaux de pluie et de neige qui tombent à la surface du sol se chargent des matériaux solubles qu'elles rencontrent. Quand ce phénomène, *que nul n'avait prévu, ni observé avant vous*, a eu lieu, ces mêmes eaux pénètrent dans les profondeurs de la terre et prennent aux roches qu'elles trouvent sur leur passage
Page 4 ce qu'elles ont de soluble. Puis : *Sous l'influence de l'électricité, peut-être, mais principalement de pressions et de températures surélevées qu'il n'est pas possible d'apprécier en chiffres, il se fait une désoxydation des sulfates par la matière organique,* ET DES SULFURES SE TROUVENT ALORS FORMÉS.

Vous ajoutez un peu plus loin :

Page 6 *On sait aujourd'hui, d'après les observations de Bordeu; d'Anglada, de M. Filhol, de M. Lemonier* ET D'APRÈS LES MIENNES, *malgré tout ce qu'a voulu dire M. Lefort à ce sujet, que les eaux sulfureuses conservées en vase clos peuvent d'elles-mêmes recouvrer une sulfuration perdue ou augmenter en sulfuration. Ce fait vient encore appuyer les idées de M. O. Henri, de M. Filhol* ET LES MIENNES *sur la formation des eaux sulfurées sodiques.*

L'observation des faits et la géologie ayant donné raison à la théorie que je soutiens, j'ai voulu aussi que l'expérience vînt contrôler cette théorie.

Et vous arrivez, enfin, à la description de votre expérience capitale.

Je ne puis résister au désir de relire avec vous ce morceau remarquable :

J'ai mis dans une marmite de Papin : 1° de l'eau sulfureuse dégénérée que j'ai surchauffée jusqu'à lui faire subir une série de pressions ATTEIGNANT 25 ATMOSPHÈRES. *Je l'ai tenue à cette pression pendant six heures. Cette eau a regagné un degré de sulfuration supérieur à* $0^{gr}026$ *par litre, degré de sulfuration le plus élevé des sources d'Ax; 2° de l'eau distillée contenant une quantité de sulfate de soude égale à 10 grammes par litre d'eau et de la matière organique* (décoction de foin); *cette eau, surchauffée dans la marmite de Papin, m'a donné un précipité de sulfure de plomb, obtenu tantôt au moyen de sulfate de plomb, tantôt au moyen d'une plaque de ce métal, maintenue dans l'eau.....* Page 6

Ces faits, joints à mes observations sur les eaux sulfureuses naturelles, sont la meilleure confirmation DE MA THÉORIE *sur le mode de production du sulfure de sodium dans les eaux sulfurées sodiques.*

Ainsi, en 1868, l'observation des faits, la géologie et la chimie vous prouvaient que les eaux thermales d'Ax, dont la richesse en soufre ne dépasse pas 0gr0106 par litre, contenaient *du sulfure de sodium*. Contentons-nous pour le moment de constater ce fait, sur lequel nous aurons à revenir, et concentrons toute notre attention sur les passages de votre travail que je viens de citer textuellement.

Je ne saurais vous dissimuler que j'ai été profondément surpris de voir que la marmite non autoclave dont vous vous êtes servi avait pu supporter une pression de 25 atmosphères. Je la croyais à peine capable de résister à une pression cinq fois moindre; mais, en y réfléchissant, j'ai compris que l'expérience ayant eu lieu sur les bords de la Garonne et dans le premier laboratoire du monde, la marmite dont il s'agit avait pu accomplir, sans éclat, cette action d'éclat. J'ai compris aussi que cette expérience étant faite au triple point de vue de la médecine, de la géologie et de la chimie, avec une *infusion de foin*, les choses avaient pu se passer comme vous l'avez dit.

Un autre scrupule m'était venu. Cette innocente marmite ne porte pas la moindre virole, pas le moindre petit trou qui permette d'y adapter, soit un manomètre, soit un thermomètre. Comment avez-pu déterminer la force élastique de votre vapeur?... Comment pouvez-vous affirmer, vous, vos 25 atmosphères?... C'est, sans doute, *votre philosophie scientifique* qui vous a fourni ces chiffres.

Savez-vous, Monsieur Garrigou, que vous êtes un marmiton de premier ordre, un marmiton hors ligne, le plus grand marmiton du monde entier.

Allons, pas de fausse modestie, et dites-nous vous-même qu'il n'existe pas sur notre planète un autre marmiton, capable de tirer de si beaux enseignements, d'une botte de foin cuite dans une marmite aussi imparfaite.

J'étais on ne peut plus heureux de voir figurer dans le laboratoire de la Faculté des sciences cet instrument, que je vous avais prêté sans songer que vous en tireriez un si bon parti. Mais un phénomène, assez singulier, a bien atténué le légitime sentiment d'orgueil que j'éprouvais, en songeant que je pouvais disposer d'un appareil, ayant servi à une aussi belle expérience. Il vous souvient, sans doute, que vous avez rendu cette marmite tout enfumée, sale à ne savoir par quel bout la prendre. Eh bien, les arabesques formées par la suie glorieuse qui la recouvre représentent, à s'y méprendre, UN CANARD!!!... Il n'y manque plus qu'une banderolle avec cette inscription : *Effets du foin, 25 atmosphères!* Vous comprenez, docteur, le soupçon qui m'est venu à l'esprit.

La noirceur de la marmite prouve bien qu'elle a vu le feu. Mais LES 25 ATMOSPHÈRES; voilà ce que je voudrais voir..... d'un peu loin. Et comme je ne demande qu'à être convaincu, je vous offre de faire adapter à cet appareil ce qui lui manque pour mesurer la force élastique de la vapeur, et vous recommencerez l'expérience en présence des personnes qui voudront bien y assister. Nous verrons à quelle distance vous vous placerez vous-même ; quand la tension commencera à gagner la sixième atmosphère.

Revenons, si vous le voulez bien, à VOTRE THÉORIE des eaux minérales sulfureuses.

Vous admettiez donc, en 1868, l'existence du sulfure de sodium dans les eaux d'Ax. Votre opinion s'est terriblement modifiée depuis cette époque, puisque vous soutenez aujourd'hui qu'une eau qui ne contient que 0gr0106 de soufre par litre ne peut être minéralisée que par de l'acide sulfhydrique.

CHAPITRE III

Où il sera démontré, à propos de sulfhydrométrie, que, croissant en âge, vous croissez en science.

Vous avez publié en 1868 une brochure sur la sulfhydrométrie et en 1869 vous avez présenté à l'Institut un sulfhydromètre de votre composition. Discutons successivement ces deux publications.

Dans la première, vous consacrez une douzaine de pages à insulter un bienfaiteur d'autrefois. Je reviendrai sur cette partie de votre travail à l'article : *Droiture*. N'oublions pas que pour le moment nous ne devons nous occuper que de votre science.

Dix-huit autres pages sont employées à l'exposé des expériences de feu votre ami Martin sur les sources des *Eaux-Bonnes*. Ceci ne vous appartenant pas, semble devoir être à l'abri de cette critique, et je n'en aurais certainement pas parlé, si ce travail avait été publié par son auteur. Mais il a passé par vos mains avant d'aller chez l'imprimeur, et il n'est pas difficile d'y voir, par-ci par-là, l'empreinte de vos doigts.

Exemple : *C'est donc par litre* $0^{gr}88$ *d'oxygène ou* Page 25
$6^{cc}43$ *correspondant à* $30^{cc}9$ *d'air.*

Cette énormité est bien de votre fait; car il est matériellement impossible qu'un n° 1 de l'Ecole polytechnique ait écrit pareille sottise.

Page 30 Ceci posé, passons à la partie scientifique qui vous est propre. Vous dites : *J'ai préparé au griffon de la source Viguerie, à Ax, jusqu'à 5 grammes environ de sulfure de zinc que j'ai jetés sur un filtre. Après avoir abondamment lavé ce sulfure avec l'eau distillée, soit chaude, soit froide, j'ai repris le même sel dans de l'eau ayant des températures de 15 à 50 degrés centigrades, les essais sulfhydrométriques faits sur cette eau m'ont toujours donné 0 ou à peu près.* JE NE PUIS DONC ADMETTRE QUE LE SULFURE DE ZINC FRAIS ABSORBE DE L'IODE COMME LES SULFURES ALCALINS.

Or savez-vous combien ces 5 grammes de sulfure de zinc auraient absorbé de solution iodée, telle que vous dites la préparer?... DOUZE LITRES !

Au lieu de trouver un degré sulfhydrométrique égal à 0 vous auriez obtenu DOUZE MILLE DEGRÉS!...

SI VOUS AVIEZ FAIT VOTRE EXPÉRIENCE.

Mais vous ne l'avez pas faite!... car je vous défie de parvenir à verser dans une eau, tenant en suspension 5 grammes de sulfure de zinc préparés comme il vous plaira, une solution contenant moins de 12 grammes d'iode, sans que celui-ci disparaisse immédiatement pendant la première partie de l'expérience, un peu lentement vers la fin.

A la page suivante vous êtes..... sublime. Entrant

dans des détails sur votre manière d'opérer, vous citez trois expériences, et l'on peut lire à la page 31 de votre mémoire : qu'une même dose de sulfure de zinc vous a donné, (6e ligne) un degré sulfhydrométrique 0, (23e ligne) un degré 5 et (28e ligne) un degré 10.

Et un peu plus loin : « *Ce que je voulais faire ressortir des expériences que j'ai poursuivies à plusieurs reprises, c'est que si l'on prépare du sulfure de zinc avec un litre d'eau d'*UNE SOURCE D'AX, *après avoir filtré et lavé ce sulfure avec de l'eau distillée, il n'absorbe plus d'iode, le degré sulfhydrométrique est donc 0.* »

Mais vous avez trouvé tantôt 0, tantôt 5, tantôt 10, et vous concluez 0 !...

Ce qui est admirable dans ceci, c'est la recommandation de préparer la sulfure de zinc avec l'eau d'une source d'Ax. Est-ce que celui qui est préparé dans cette localité, a des propriétés différentes de celui que l'on prépare à Toulouse, à Paris ou ailleurs ? Est-ce qu'il en serait des divers échantillons de cette substance, comme de divers médecins, les uns guérissant leurs malades, tandis que les autres ne savent que...

A la page 35 vous dites qu'un litre d'eau non désulfurée, ou bien traitée soit par l'acétate de zinc, soit par le sulfate de plomb, soit par le sulfate de cuivre, absorbait toujours la même quantité d'iode. Et vous ajoutez :

« *Puisque MM. Lefort et Filhol trouvent que je me*

suis trompé en faisant intervenir l'acide sulfhydrique dans ces réactions, je consens volontiers à me rendre à leurs observations, pourvu cependant qu'ils veuillent bien me montrer, par des expériences, que ce n'est pas l'acide sulfhydrique qui absorbe l'iode d'une manière aussi régulière et pourvu qu'ils me disent d'où provient le degré sulfhydrométrique si constant dans les trois derniers essais sur l'eau désulfurée et non filtrée.

« *Serait-ce encore le sulfure de cuivre et le sulfure de plomb qui seraient les causes de cette absorption d'iode?* »

Et oui, grand..., s'ils ne l'absorbaient pas, il ne disparaîtrait pas.

Comment, Monsieur Garrigou, ces trois sulfures de même formule, provenant de la même quantité d'eau sulfureuse absorbant la même quantité d'iode, n'ont pu vous inspirer que l'idée saugrenue, d'attribuer cette absoption *à l'acide sulfhydrique survivant à l'action des sels de plomb et des sels de cuivre !.....*

Vous soutenez enfin que l'*acétate de zinc* et l'acide sulfhydrique peuvent exister en même temps dans une même eau. Pour le prouver, vous allez chercher dans le Canada un auteur anglais que vous citez textuellement et qui dit que le *chlorure de zinc* ne décompose pas l'acide sulfhydrique.

Mais, Monsieur, on le savait en Europe avant même qu'on ne le sût en Amérique. Si je dis cela, ce n'est pas dans le but d'établir la supériorité intellec tuelle de l'ancien continent sur le nouveau : car je ne crois pas qu'il y ait dans toutes les Amériques un seul médecin confondant l'acétate de zinc avec le chlorure de zinc. Docteur, est-ce que vous ordonnez indifféremment l'un ou l'autre à vos malades ?.....

Et c'est un pareil mémoire que vous avez présenté à l'Académie de médecine ! Et vous avez demandé des juges compétents pour vérifier les expériences. Ces juges vous ont été accordés, les expériences ont été faites, et vous savez ce que vous y avez gagné, UNE CONDAMNATION SUR TOUS LES POINTS.

Quittons un moment la chimie proprement dite et examinons le sulfhydromètre que vous avez *inventé*, et dont je trouve la description sur les comptes-rendus, année 1869, page 457, voyons si vous êtes aussi savant en physique qu'en chimie et en arithmétique.

J'emploie un vase de verre à double forme conique, terminé d'un côté par un goulot cylindrique, de l'autre par un orifice pouvant s'ouvrir ou se fermer à volonté. Le goulot est muni d'un bouchon de liége, très-facile à mouvoir et qu'on peut maintenir, pendant toute la durée de l'opération, jusqu'à un millimètre de la surface de l'eau. A travers ce bouchon descendent dans le vase, un agitateur, un tube destiné à verser l'eau sulfureuse dans l'appareil en commençant par le fond et l'extrémité effilée d'une burette à robinet. Le tout est solide-

ment fixé sur un support. On est donc ici à l'abri de l'air d'une manière A PEU PRÈS *complète. Plusieurs essais faits dans le laboratoire de Monsieur Payen, comparativement à l'appareil Dupasquier, me permettent de dire, qu'en opérant dans les conditions et avec l'appareil que je viens d'indiquer; on peut décéler jusqu'à* UN MILLIGRAMME *de plus par litre qu'avec le sulfhydromètre de Dupasquier.*

Eh bien, cette disposition, loin de vous mettre à l'abri de l'air ou A PEU PRÈS comme vous le dites, ne fait qu'en agraver les effets.

1° Parce que pour remplir votre vase avec un tube plongeur, vous êtes obligé de verser l'eau sulfureuse par petit filet dans l'entonnoir de ce tube et partant de favoriser la désulfuration par l'augmentation de surface et de temps.

2° Parce que, l'appareil rempli, il reste entre la surface libre du liquide et le bouchon, une couche d'air qui communique, d'ailleurs, avec l'atmosphère par l'ouverture de l'agitateur qui ne peut être exactement fermée.

3° Parce que l'agitation étant gênée, le mélange de la liqueur iodée avec l'eau sulfureuse ne peut se faire que lentement et l'altération par l'air a le temps de devenir plus profonde.

De plus votre appareil est défectueux :

1° Par sa forme qui rend l'agitation plus difficile et partant le mélange plus lent.

2° Parce que l'eau qui reste dans le tube plongeur est soustraite à l'action de l'iode.

3° Parce que la quantité de liqueur iodée qui se trouve dans la burette, au-dessous du robinet, se mêle par pénétration lente avec l'eau sulfureuse, dans une proportion inconnue, ce qui est une cause d'erreur dont vous ne pouvez pas tenir compte.

Enfin, je vous le demande, à quoi bon la seconde ouverture de votre vase ?

Mais en voici bien un autre ; passant à la pratique de l'opération vous continuez ainsi :

De plus m'étant assuré expérimentalement, dans le même laboratoire, que les sulfures de zinc, de plomb, d'argent, de manganèse, de nikel, de cobalt, FRAICHEMENT PRÉPARÉS *par voie de précipitation ne décolorent l'iodure d'amidon* QU'APRÈS AVOIR SUBI L'ACTION DE L'OXYGÈNE DE L'AIR *ou de celui que peut dissoudre l'eau dans laquelle on les met en suspension, je me permettrai de proposer les opérations suivantes, qui donnent encore le moyen de doser, avec l'appareil précédent, les divers états sous lesquels se trouvent les principes sulfurés dans les eaux sulfureuses.*

1° *Faire un essai sulfhydrométrique sur une eau sulfureuse pour avoir la quantité totale du soufre, du sulfure, de l'hydrogène sulfuré et de l'hyposulfite.*

2° *En faire un second en désulfurant l'eau par du chlorure de zinc* TRÈS-LÉGÈREMENT ACIDE *ou avec un sel de nikel ou de cobalt. Cet essai permettrait de déterminer par différence le soufre des sulfures.*

3° *Un troisième essai exécuté sur l'eau désulfurée par l'*ACÉTATE NEUTRE DE ZINC *qui précipitant le soufre* *du sulfure* ET DE L'ACIDE SULFHYDRIQUE *permettrait d'arriver par l'essai direct à déterminer le soufre de l'hyposulfite et par différence celui de l'acide sulfhydrique.*

Ainsi en 1869 *vous vous êtes assuré,* EXPÉRIMENTALEMENT, *dans le même laboratoire, que les sulfures de zinc, de plomb, etc., ne décolorent l'iodure d'amidon* QU'APRÈS *avoir subi l'action de l'oxygène de l'air ou de celui que peut dissoudre l'eau dans laquelle on le met en suspension.*

Mais en 1868, vous avez préparé *à la source Viguerie, à Ax, jusqu'à 5 grammes de sulfure de zinc que vous avez jetés sur un filtre, et après avoir abondamment* LAVÉ CE SULFURE AVEC DE L'EAU DISTILLÉE SOIT CHAUDE, SOIT FROIDE *vous avez trouvé un degré sulfhydrométrique égal* A ZÉRO.

Comme les caractères se modifient avec le temps; voyez *ce sulfure de zinc ayant subi l'action de l'air*, En 1868, il est plein d'indifférence pour l'iode, un an plus tard, il l'aime tant, qu'il l'absorbe sitôt qu'on le met à sa portée.

Pour doser l'acide sulfhydrique préexistant dans une eau sulfureuse qui contient du sulfure de sodium, vous y versez *du chlorure de zinc légèrement* ACIDE.

Ingénieuse méthode. De cette manière vous êtes toujours sûr d'y en trouver et d'autant plus que vous aurez ajouté une plus grande quantité de *chlorure de zinc légèrement* ACIDE.

Enfin en 1869, l'*acétate de zinc neutre* précipite le soufre DES SULFURES ET DE L'ACIDE SULFHYDRIQUE, et en 1868, l'*acétate de zinc et l'*ACIDE SULFHYDRIQUE LIBRE *peuvent exister dans un même liquide.*

Et quoi, Docteur, l'acétate de zinc aussi change totalement de manière de voir dans le courant d'une année, tout comme son parent le sulfure de zinc !.... C'est donc un mal de famille!..... Décidément les composés de zinc vont se faire une mauvaise réputation. Mais vous n'avez pas à vous en affliger, Monsieur Garrigou, bien au contraire; car personne, je vous l'assure, n'avait observé ces faits avant vous, et c'est là une découverte inattendue, dont la propriété ne vous sera pas contestée.

Toulouse, imp. Ed. PRIVAT, rue Tripière, 9. — 365

CHAPITRE IV

Où le lecteur verra, que grâce à votre philosophie scientifique, on peut tirer d'une caisse plus d'argent qu'on n'y en a mis.

On a dit que votre étude de l'eau de Saint-Boës constituait le plus beau fleuron de votre couronne scientifique. C'est à son sujet qu'on a écrit ces lignes enthousiastes : M. Garrigou *n'est pas seulement un géologue, un minéralogiste de premier ordre et un chimiste hors ligne; mais encore une lumière médicale précieuse, dont le talent hautement en relief est une autorité dans la science.*

En lisant le travail qui vous a valu cet éloge, j'ai cru y reconnaître par ci, par là, quelques imperfections que je vais me permettre de vous signaler.

Les unes se trouvant dans votre monographie des eaux de Luchon, seront traitées dans le chapitre suivant. Nous éviterons ainsi de nous répéter. Nous trouverons là votre méthode de dosage de la chaux et de la magnésie, la valeur de l'équivalent du calcium que vous faites égal tantôt à 20, tantôt à 27; ainsi que le poids de celui de l'hydrogène que vous portez successivement à 1, à 53, à 56, etc., etc.

Les autres ne se rencontrent que dans votre étude

2

de l'eau de Saint-Boës. Elles sont, en quelque sorte, caractéristiques de ce travail. C'est de celles-ci que nous allons nous occuper.

Vous partez de Salies (Basses-Pyrénées), et marchant vers le nord-est, vous vous dirigez vers la bienheureuse source qui a eu l'honneur de fixer votre attention. Chemin faisant, à travers les terrains qui forment dans cette région la croûte solide de notre globe, vous faites une ample moisson de merveilles géologiques et minéralogiques dont la plus remarquable consiste dans un groupe de CRISTAUX CUBIQUES DE SOUFRE!.... Adorable, Monsieur Garrigou; à ce compte, le soufre serait TRIMORPHE, *un corps simple, au triple point de vue;* tout comme votre science, tant soit peu souffreteuse.

C'est sans doute à cette découverte que vous devez d'être appelé MINÉRALOGISTE DE PREMIER ORDRE.

Vous nous avez servi l'analyse de l'eau de Saint-Boës sous deux formes. D'abord, la liste des éléments contenus dans un litre de cette eau; puis celle des composés probables que ces corps peuvent constituer.

Voici la première :

Acide sulfhydrique	0,0571
Acide carbonique	1,3909
Acide silicique	0,0086
Acide sulfurique	0,4098
Acide azotique	0,0006

Acide acétique	indiqué
Acide formique	0,0048
Acide chlorhydrique (d'après le chlore)	0,1660
Chaux	1,0266
Strontiane	0,0075
Magnésie	0,0284
Potasse	0,0200
Soude	0,0505
Lithine	indiqué
Alumine	0,0022
Oxyde de fer	0, 004
Oxyde de manganèse	0,0007
Ammoniaque	0,0014
Iode	indiqué
Matière extractive par l'alcool, de.. 0,0041 à	0,0064
Huile de naphte, de 0,0052 à	0,0099
Matière organique totale	0,1580

Et vous ajoutez : *La discussion d'une analyse étant un peu le résultat des idées de chaque auteur;* QUOIQU'ELLE SOIT SUBORDONNÉE EXACTEMENT AUX CHIFFRES DES PESÉES, *je me contenterai de dire que je propose de combiner les éléments séparés de la façon suivante :*

Acide carbonique libre	0,1300
Acide sulfhydrique	0,0571
Acide formique	0,0048
Acide acétique	indiqué
Chlore (resté libre après la combinaison du reste de cette substance avec les autres éléments)	0,0052
Sulfate de chaux	0,5640
Sulfate de magnésie	0,0852
Sulfate d'alumine	0,0039
Sulfate de potasse	0,0370

Sulfate d'ammonique	0,0046
Silicate de soude........................	0,0156
Bicarbonate de chaux....................	2,0632
Chlorure de calcium	0,1926
Chlorure de strontium	0,0129
Chlorure de sodium......................	0,0940
Oxyde de fer	0,0040
Oxyde de manganèse.....................	0,0007
Lithine	t.-sensib.
Iode.......................................	t.-sensib.
Matière extractive par l'alcool (variable), de......................... 0,0041 à	0,0064
Huile de naphte (très-variable), de 0,0099 à	0,0052
Matière organique totale..................	0,1580

A la simple lecture de cette dernière série, on est comme frappé par une assertion tellement étrange, qu'on se demande involontairement s'il n'y a pas de votre part tentative de mystification.

DU CHLORE LIBRE A COTÉ DE L'ACIDE SULFHYDRIQUE !

Oh! sainte ignorance, où t'arrèteras-tu?

Tous les jours, vous vous servez de l'iode pour décomposer l'acide sulfhydrique. Vous l'avez employé dans l'analyse qui nous occupe, et vous voulez que le chlore infiniment plus énergique dans ses affinités ne détruise pas ce composé? Voyez-vous d'ici cet acide sulfhydrique, dont l'existence ne tient qu'à un souffle, voyageant côte à côte avec le chlore? et ce dernier corps, oublier à tel point ses instincts de voracité, qu'il évite de porter le moindre trouble dans cette union, tant soit peu platonique, du soufre et de l'hydrogène? Il n'y a que vous, docteur, pour réussir de pareils tours de force.

Si j'avais été amené, comme vous, à trouver du chlore libre dans une eau sulfureuse, j'en aurais conclu, d'après ce que l'on m'a appris en quatrième, quand j'étudiais les premiers éléments de la chimie, que je m'étais trompé dans mes calculs ou dans mes dosages, peut-être même dans mes calculs ET dans mes dosages. Pour tout au monde, je n'aurais consenti à publier un résultat, qui ne pouvait aboutir qu'à faire rire à mes dépens, et j'aurais fait le raisonnement que voici :

L'analyse directe donne 0gr1660 d'acide chlorhydrique, c'est-à-dire 0gr1614 de chlore.

J'en ai dépensé pour :

Le chlorure de calcium......	0gr1231
Le chlorure de strontium	0gr0057
Le chlorure de sodium.......	0gr0570
En tout........	0gr1858

Remarquez que dans cette seconde édition de mon calcul, je me serais trouvé devant ce résultat étrange que loin d'en avoir trop, je n'en avais pas assez, et j'en aurais conclu que mon analyse était fausse.

Est-ce que ne possédant que 1,614 francs, on peut en dépenser 1,858 et en avoir encore 52 de reste?

Tout homme ayant un peu de sens commun me dira que c'est impossible. Et, qui sait, vous le diriez peut-être vous-même si la question vous était posée en ces termes; pourtant vous avez écrit le contraire.

L'arithmétique, docteur, l'arithmétique. Je ne cesserai de vous la recommander. Elle est indispensable quand on pose pour le chimiste hors ligne. Fréquentez quelque temps l'école primaire, classe des adultes, ce n'est ni long ni difficile. Quinze jours de travail suffiraient à une intelligence ordinaire. Jugez donc, pour vous, ce ne sera qu'un jeu. Et quand même, après examen, vos maîtres jugeraient à propos de vous demander un an ou deux pour vous faire acquérir ce petit paquet de connaissances utiles, n'hésitez pas. Vous serez largement dédommagé de vos peines, par l'exactitude de vos calculs. Sans compter la satisfaction que vous éprouverez, en songeant, que pas un gamin de dix ans, n'aura le droit de se croire plus savant que vous.

Ce que je viens de dire à propos du chlore s'applique à presque toutes les substances que vous supposez engagées dans des combinaisons. En voulez-vous la preuve?

	L'analyse directe porte :	L'analyse discutée contient :
Acide carbonique....	1,3909	1,3909
Acide silicique..	0,0086	0,0093
Acide sulfurique.....	0,4098	0,4111
Acide azotique.......	0,0006	disparu.
Acide chlorhydrique..	0,1660	0,1963
Chaux..............	1,0266	1,1319
Strontiane..........	0,0075	0,0084
Magnésie....... ...	0,0284	0,0284
Potasse............	0,0200	0,0200

Soude..	0,0505	0,0562
Alumine............	0,0022	0,0017
Ammoniaque........	0,0014	0,0012

Ainsi, à part l'acide carbonique, la potasse et la magnésie, tout est faux dans votre analyse discutée, et comme les nombres de l'analyse directe sont aussi les résultats de certains calculs effectués sur les poids donnés par la balance, ils ne peuvent pas inspirer beaucoup de confiance, lors même qu'on supposerait les opérations chimiques bien faites. Or, nous savons à quoi nous en tenir sur ce dernier point.

Voulez-vous caractériser le degré d'exactitude de votre travail dans son ensemble. Ajoutez les nombres portés dans chacune de vos deux séries, vous trouverez pour la première 2gr3341 et pour la seconde, 3gr3292. Or, ce dernier nombre devrait être plus faible que le premier de presque tout le poids de l'oxygène, équivalent au chlore combiné.

Et l'ACIDE ACÉTIQUE et l'ACIDE FORMIQUE, vous prétendez nous les faire avaler? Il fallait pour cela ne pas donner tout au long votre méthode de recherche qui ne peut aboutir qu'à l'ACIDE AZOTIQUE. Si vous avez vu ces acides dans le courant de votre travail, croyez bien qu'ils ne venaient pas de l'eau de Saint-Boës, mais bien..... de l'oxydation de votre esprit.

CHAPITRE V

Où la science hydrologique nouvelle et la philosophie scientifique brillent de leur plus vif éclat.

Je ne me sens pas d'aise depuis que j'ai lu la préface de votre *Monographie de Luchon*. Moi, qui m'étais érigé en censeur de vos œuvres, sans vous en demander la permission, j'ai pu y voir cette phrase digne d'un sage de la Grèce :

La bonne foi scientifique fait, qu'en général, on excuse les fautes commises SANS MALICE. *Je ne saurais trop remercier d'avance ceux qui voudraient me signales les miennes, afin que je puisse les corriger.* Page VI

Eh bien, Monsieur Garrigou, j'admets que vous commettez vos fautes SANS MALICE. Je vais continuer à vous en signaler QUELQUES-UNES, et j'accepte vos remerciements anticipés.

Après la préface, une introduction. Il y a peu d'ouvrages aussi bien partagés. Des gens mal intentionnés, ceux que vous appelez vos ENNEMIS, disent que vous n'écrivez ces avant-propos, dans chacune de vos publications, que pour avoir l'occasion de jeter l'insulte aux personnes dont vous prétendez avoir à vous plaindre. Je ne crois pas que ce soit là votre unique but; car vous ne manquez pas de médire à chaque page dans le cours de vos ouvrages.

Cette introduction contient un peu de tout. C'est un mélange d'histoire, de géologie, de médecine et de chimie. Arrêtons-nous un instant sur le passage que voici, quoiqu'il soit étranger à cette dernière science.

Page 3 *Le problème des origines des peuplades pyrénénnes n'a nulle part encore été traité d'une manière convenable.* JE NE PARLERAI PAS, A CE SUJET, *d'un nouveau et malheureux travail, tout récent, sur le peuple primitif des Pyrénées, sur les Basques, dans lequel l'auteur s'est plu à obscurcir toutes les questions, tant par le verbiage qu'il a déployé à l'aide d'une pseudo-science perfide, que par le peu de soin qu'il a mis à être consciencieux et exact dans ses citations.....*

Il faut croire que cet auteur que vous flagellez si bien n'a pas commis ses fautes, comme vous, SANS MALICE.

Ce qu'on ne saurait trop admirer chez vous, Docteur, c'est cette manière d'*opérer* qui vous est familière. Vous commencez ainsi : JE NE PARLERAI PAS A CE SUJET, et immédiatement après un ÉREINTEMENT d'autant plus violent, qu'il est moins mérité.

Cette tournure me rappelle l'histoire d'un moine qui, ayant surpris un secret des supérieurs de son couvent, fut mis au cachot et resta enfermé jusqu'à ce qu'il eût promis de n'en parler à personne. Or, un jour de grande fête, l'église étant pleine de monde, il imagina de chanter ce secret à la Préface de la messe..... mais il eut le soin d'ajouter :

Me miserunt in carcerem ut nemini dicerem. Itaque, nemini dixi, nemini dicam, nemini dico... nisi tibi Domine...

Mais arrivons à la partie scientifique de votre livre. Vous vous élevez contre l'emploi des sels d'argent et de cadmium, pour la désulfuration des eaux et vous donnez les raisons suivantes : Page 35

L'azotate d'argent et celui de cadmium précipitent, en effet, en même temps que le soufre des sulfures, LE CHLORE, *l'acide carbonique des carbonates et l'*ACIDE SULFURIQUE DES SULFATES ; *pour former des chlorures, des carbonates et des sulfates insolubles, qui...*

Trois fautes dans une seule ligne !... Vous en doutez ? Voyons : L'azotate d'argent ne commencera à précipiter l'acide sulfurique des sulfates que lorsqu'il y en aura dans l'eau une dose CINQUANTE FOIS plus forte que celle qui se trouve dans les sources de Luchon, et l'azotate de cadmium ne précipitera ni LES CHLORURES ni LES SULFATES dans aucun cas.

Quatre lignes plus loin on peut lire : *que vous avez pu constater la présence de l'oxygène dans chaque source.* Page 36

L'oxygène et l'acide sulfhydrique en solution dans une même eau !... Autant vaudrait dire le loup et l'agneau dans la même cage.

Page 45 Une autre assertion contredite par tous, même par vous, je devrais dire surtout par vous, est celle-ci :

Les eaux de Luchon n'ont, pour ainsi dire, aucune alcalinité en dehors de celle du sulfure alcalin.

Or, si nous allons voir, à la page 335, ce que disent vos analyses, nous y trouverons que la source de la Grotte supérieure contient, *d'après vous*, 114 milligrammes de soude par litre d'eau et pas d'acide. A la page suivante, la source du Pré possède 110 milligrammes de soude et des acides en quantité insignifiante. A la page 337, la Grotte inférieure est affublée de 898 milligrammes de soude!... et presque pas d'acides. Et vous soutenez que les eaux de Luchon ne sont pas alcalines? Allons donc! Si les sources de Vichy croient à vos analyses, elles vont sécher de jalousie devant cette alcalinité.

Au milieu d'une longue discussion médicale, vous posez un pied dans le domaine de la physique, pour
Page 51 dire : Ne voit-on pas *la vitesse se transformer en chaleur et en électricité.*

Jusqu'à présent, je croyais que le travail pouvait se transformer en chaleur ; mais j'ignorais que la vitesse put le faire. Encore une notion nouvelle, dont la science vous sera redevable. Merci pour elle, Monsieur Garrigou.

Vous faites beaucoup de géologie dans votre ouvrage, et, à propos de cette science, vous donnez deux analyses du ciment des galeries de Luchon, tendant à prouver que les eaux minérales, peuvent métamorphiser les roches. Je transcris les résultats de ces analyses. On ne saurait trop propager de telles merveilles. Page 240

Voici la première. Celle qui se rapporte au ciment qui n'a pas subi le contact de l'eau.

Par kilogramme :

Silice, 98 grammes ; acide carbonique, 418 ; alumine, 21 ; fer, 45 ; chaux, 29 ; magnésie, 95 ; acide phosphorique, 44.

En voilà un singulier ciment que nous pourrions appeler, sans métaphore, ciment ferré, car il contient plus de fer que de chaux. Et voyez-vous d'ici cette quantité de chaux 29 GRAMMES PAR KILOGRAMME DE CIMENT !.... Si votre balance était folle, il vous fallait avoir plus de bon sens qu'elle. Avant que d'inscrire ce résultat, vous auriez dû réfléchir un peu, en comprendre l'impossibilité, qui n'était pas difficile à voir, et recommencer votre dosage.

Mais le plus illettré des maçons, le plus gamin, le plus novice des manœuvres, celui qui croit que le ciment est exclusivement composé de chaux, se trompe trente fois moins que vous.

Calculons, si vous le voulez bien, ce que les diverses bases, mentionnées dans votre analyse, peuvent prendre d'acide, en commençant par les acides fixes. Retranchons cette quantité de celle que vous dites avoir trouvée et nous arrivons à ce résultat : qu'un kilogramme de ce ciment contient, condensé dans ses pores, sans combinaison possible, TROIS CENT CINQUANTE FOIS SON VOLUME d'acide carbonique gazeux.

Et quand on pense que l'eau de seltz, qui fait si bien sauter les bouchons, n'en renferme que cinq fois son volume..... On ne peut qu'admirer votre courage, en vous voyant pénétrer dans ces galeries dont les parois sont constamment en lutte avec une tension pouvant s'élever à 350 atmosphères.... J'avais bien tort de ne pas croire aux 25 atmosphères de votre botte de foin.

La seconde analyse se rapporte au ciment métamorphisé par l'eau minérale. Un kilogramme de ce mortier contient, selon vous, les substances suivantes :

Silice, 482; acide carbonique, 75; alumine, 11; fer, 39, chaux, 216; magnésie, 9; ammoniaque, 1; acide phosphorique, 35; matière organique, 105.

Ainsi, plus du dixième de poids du ciment en matière organique. Et puis, 123 grammes d'acide silicique libre, sans compter une quantité d'acide carbonique égale à soixante-quatorze fois le volume du ciment.

Avouez, docteur, que si l'eau minérale a métamorphisé les murs de ses galeries, votre analyse les métamorphose assez bien.

Vous faites des efforts surhumains pour prouver que les eaux de Luchon sont minéralisées par le sulfhydrate de sulfure de sodium. On dirait que votre ouvrage n'a été écrit que dans ce but; mais vous employez des arguments si maladroits, qu'ils prouvent tout le contraire de votre thèse.

Quand ils prouvent quelque chose.

Je vais vous suivre dans cette discussion et vous faire toucher du doigt l'insanité de vos raisonnements.

Save, dites-vous, croyait que les eaux de Luchon (Page 264) ne renfermaient que de l'acide sulfhydrique, et vous citez de lui cette expérience : *qu'en traitant ces eaux par l'*ACIDE SULFURIQUE OU MURIATIQUE; *il se produisait après quelques instants un trouble qui allait en augmentant peu à peu.*

Et vous ajoutez : *Je ne puis donc m'expliquer, que par un parti-pris, l'obstination de l'auteur du Traité des eaux des Pyrénées,* à croire à la présence du sulfure de sodium..... *Je ne crains pas, au contraire, de* (Page 265) *dire que Save a fait judicieusement connaître la vraie composition des sources de Luchon, et qu'il a eu parfaitement raison, en affirmant, qu'elles renferment de l'acide sulfhydrique.*

Ainsi vous acceptez comme sérieuse l'expérience de Save, et pour prouver qu'il n'a y pas de sulfure de sodium dans les eaux de Luchon, vous y verseriez de l'acide sulfurique ou de l'acide muriatique, et vous direz ensuite : Voyez s'il n'y a pas de l'acide sulfhydrique!....

Ignorez-vous donc, qu'en versant un de ces deux

acides dans une eau contenant du sulfure de sodium, vous produisez de l'acide sulfhydrique? Est-ce que pour préparer ce dernier corps dans les laboratoires, on n'emploie pas toujours, l'action de l'acide sulfurique ou de l'acide chlorhydrique sur un sulfure? Indiquez-moi un ouvrage de chimie, un seul qui ne donne pas cette méthode?....

Vous posez pour le savant et vous vous fâchez quand on vous dit que vous ne savez pas un traître mot de chimie, je vous prie de croire que vous ne réussirez pas à vous faire prendre au sérieux, tant que vous écrirez de pareilles absurdités. Enveloppez-vous mieux avec votre clinquant pour qu'on ne voie pas les haillons de votre ignorance.

Oh! la belle expérience; bien digne de faire pendant à celle de Calino, qui, voulant prouver que les haricots contenus dans un sac étaient rouges, commençait par y verser une solution de cochenille.

Page 264 Admirons aussi l'observation suivante :

L'acide muriatique pur, n'exerçant aucune action sur l'acide sulfhydrique, on ne s'explique le changement de l'eau observé par Save, après quelques moments de contact avec l'acide muriatique que par l'état impur de ce dernier.

Ainsi ce sont les impuretés de l'acide qui font blanchir l'eau. L'oxygène de l'air n'y est pour rien. Est-ce par ignorance ou pour les besoins de la cause que vous ne le faites pas intervenir?...

Passant ensuite à vos propres expériences, vous commencez par celle-ci :

De l'eau blanche, mêlée à volumes égaux avec l'eau du Pré, est devenue limpide : gardant seulement une teinte verdâtre. Page 272

Ce qu'il y a de curieux, c'est que cette expérience n'est pas de vous, mais de Fontan, qui l'a faite il y a longtemps. Elle permet de conclure à l'existence du monosulfure de sodium, dans les eaux qui nous occupent.

En effet, que prouve cette expérience, sinon que le monosulfure, contenu dans l'eau non dégénérée, s'unit au soufre libre qui trouble l'eau blanche, pour faire du bisulfure de sodium qui reste en solution dans l'eau en la colorant légèrement. Si vous pouvez me fournir une explication de ce fait, pouvant servir d'argument, en faveur de la théorie du sulfhydrate, je vous proclamerai LOGICIEN HORS LIGNE.

Vous voyez que vous vous êtes embourbé dès le premier pas. Et cette fois c'est bien SANS MALICE.

Vous ajoutez : *Plusieurs sources de Luchon traitées par le sulfate de manganèse* ONT PARU COLORER TRÈS LÉGÈREMENT EN NOIR *le papier à l'acétate de plomb.* Même page.

Ah! ONT PARU COLORER TRÈS LÉGÈREMENT EN NOIR. Il y a donc très peu d'acide sulfhydrique libre, si toutefois il y en a. Et puis vous dites : *plusieurs sources*. Toutes ne donnent donc pas cette réaction, même à l'état problématique et celles qui sont dans ce cas, contiennent-elles de l'acide sulfhydrique?

Voyez comme vous êtes heureux dans le choix de vos preuves.

Passons à une autre : *Une lame d'argent parfaitement polie, plongée dans ces sources, y noircit.*

Personne n'a nié qu'il y eut dans ces eaux, de très faibles quantités d'acide sulfhydrique qui suffisent, de reste, pour produire cette réaction.

En voici une autre, bien remarquable, plus propre à caractériser votre science, qu'à dévoiler la nature du principe sulfuré des eaux.

Ces sources traitées par le sulfate d'alumine ne sont pas complétement désulfurées.

Mais, Monsieur, elles doivent être aussi sulfureuses après, qu'avant l'addition du sulfate d'alumine.

Vous ne savez donc pas que ce corps versé dans une solution de sulfure de sodium, doit faire du sulfate de soude, de l'alumine et de l'acide sulfhydrique? Au reste, il n'y a rien d'étonnant à cela, puisque vous avez déjà prouvé que vous ignoriez que l'acide sulfurique et l'acide chlorhydrique pouvaient produire une décomposition analogue.

Les deux expériences qui viennent après et qui consistent à faire dégager, soit au moyen de l'ébullition, soit par le vide, quelques traces d'acide sulfhydrique ne prouvent rien, car les eaux de Luchon contiennent de l'acide silicique qui décompose le sulfure de sodium.

Enfin, *le nitroprussiate de soude, donne* DANS QUELQUES SOURCES *une coloration violette;* oh! le bon argument contre l'existence du monosulfure.....

En résumé, que prouvent toutes ces expériences?..... Deux choses :

La première, c'est que les eaux de Luchon contiennent du monosulfure de sodium, comme on l'a dit avant vous et non du sulfhydrate de sulfure comme vous le prétendez.

La seconde, C'EST QUE VOUS IGNOREZ LES PRINCIPES LES PLUS ÉLÉMENTAIRES DE LA CHIMIE.

A l'appui de votre théorie, vous ne pouvez fournir qu'une preuve : Celle qui consiste à démontrer que la moitié du soufre contenu dans ces eaux est uni au sodium, l'autre moitié à l'hydrogène. Et cette preuve, vous n'avez pas même tenté de la donner.

Et vos arguties sur la notation de l'auteur des *Recherches sur les eaux des Pyrénées*, retombent encore sur vous. Cette notation est parfaitement admise. Ouvrez une foule de traités de chimie, celui de Malagutti par exemple, vous verrez qu'elle y est adoptée. Page 279

La page 280 est couverte de fautes. Je me contenterai d'en relever une. La voici :

Or, le degré sulfhydrométrique de l'eau Bayen indique qu'il y a par litre 0gr 074 de monosulfure de soduim ou 0gr 102 de sulfhydrate de sulfure. En supposant qu'il y ait 0gr 102 de sulfhydrate de sulfure de soduim, il est aisé de voir que ces 0gr 102 de sulfhydrate de sulfure renferment 0gr 035 de monosulfure représentant 0gr 0143 de soufre.

Je laisse à d'autres le soin d'apprécier le style. Je ne m'occupe que des nombres.

Vous faites d'abord, le poids du sulfhydrate, plus fort que celui du monosulfure contenant la même quantité de soufre. Et puis vous dites que 0gr 102 de sulfhydrate contiennent 0gr 035 de monosulfure.

Pour ce que vous prétendez là put être vrai, il faudrait que l'équivalent de l'hydrogène au lieu d'être égal à l'unité, s'élevât à 50 dans la première ligne et à 53 dans la dernière.

Page 282 Et les deux pages suivantes, croyez-vous qu'elles ne resteront pas célèbres dans les fastes de la science?

Voici ce que contient la première :

Or, posons les équations qui résultent des réactions opérées, en appelant les silicates, carbonates et terres alcalino-terreuses libres, sels alcalins. (S A.)

Pour la troisième expérience, on a :

$$HS + N_a S + S,A + 2 (Z_n O,SO^3)$$
$$= 2 (Z_n S) + HO + N_a O,SO^3 + S,A.SO^3 .$$

C'est-à-dire qu'il s'est formé à cause de la présence

de L'ACIDE SULFHYDRIQUE, *une quantité équivalente* D'ACIDE SULFURIQUE, *qui, trouvant des* SELS ALCALINS, S'EST UNI A EUX POUR FORMER DES SULFATES.

Rien que ces deux énormités : l'acide sulfhydrique décomposant le sulfate de zinc et l'acide sulfurique s'unissant aux sels alcalins, c'est-à-dire aux carbonates et silicates pour faire des SULFATES DE CARBONATES ET DES SULFATES DE SILICATES !....

Vous avez nié avoir jamais écrit pareille chose. Voyez si elle n'est pas écrite deux fois, et dans l'égalité et dans le texte.

Immédiatement après, vous posez successivement deux autres égalités pour établir les réactions qui, selon vous, se produisent quand on verse du sulfate de zinc dans l'eau de Luchon. Les voici en précieuses formules : Page 283

$$N_a\,S + HS + 2\,(Z_n\,O.SO^3) = 2\,(Z_n\,S) + N_a\,O,SO_3 + HO.\,SO_3\,.$$

$$HO.\,SO^3 + 2\,(Z_n\,S) = Z_n\,S + Z_n\,O.\,SO^3 + HS.$$

La première, pour établir que l'acide sulfhydrique décompose le sulfate de zinc, produisant ainsi du sulfure de zinc et de l'acide sulfurique.

La seconde, pour prouver que l'acide sulfurique, qui s'est laissé déplacer tout à l'heure, attaque le sulfure de zinc et reprend la position perdue, en déplaçant, à son tour, l'acide sulfhydrique.

Mais vous êtes ainsi revenu au point de départ.

Çà va donc recommencer comme il est dit dans la première égalité.

Puis, continuer comme il est dit dans la seconde.

Et recommencer encore, et toujours : Le mouvement perpétuel, la valse des éléments, la réalisation de la vieille histoire de la toile de Pénélope.

Vous consacrez les pagés suivantes à prouver que l'eau de Luchon, désulfurée par le sulfate de plomb, possède une réaction acide, ce qui prouverait qu'il y a dans ces eaux, une quantité notable d'acide sulfhydrique.

Eh bien! prenons pour les diverses sources de Luchon les analyses faites par vous ; telles que vous les donnez, même avec la quantité d'acide sulfhydrique double de celle qu'elles devraient contenir, en admettant vos idées de sulfhydrate de sulfure. Ajoutons aux acides pouvant neutraliser les bases, au point de vue du tournesol, une quantité d'acide sulfurique équivalente à celle de l'acide sulfhydrique. Malgré toutes ces concessions, en adoptant vos nombres, nous arrivons aux résultats suivants :

Pour que ces eaux, après leur désulfuration, soient non pas ACIDES, mais seulement NEUTRES, il faut y verser, par litre, une quantité d'acide sulfurique tel que vous l'employez, s'élevant à :

44 divisions de la burette pour la source Bayen.
22 — pour la source des Romains.
729 — pour celle du Pré.
239 — pour la source du Drainage,

182 divisions de la burette pour la source Bosquet.
442 — pour celle de la Grotte supérieure.
645 — pour la source Borden.
7535!... trois quarts de litre pour la Grotte inférieure.

Et dire que donnant de telles analyses, vous avez pu écrire : *Avant la désulfuration, l'eau ramène au* Page 285 *bleu le papier de tournesol rougi; après la désulfuration, elle rougit le papier bleu de tournesol.*

Cinq pages durant, vous déraisonnez ainsi pour arriver à cette péroraison remarquable :

Toutes les conclusions de l'auteur des Eaux minérales des Pyrénées sont fausses, PUISQU'ELLES SE TROUVENT ENTIÈREMENT OPPOSÉES A CELLES DONT MES RECHERCHES ONT PROUVÉ L'EXACTITUDE.

Quelle science et quelle modestie!....

Vous croyez-vous infaillible? ou voulez-vous seulement le faire croire aux autres?

Dans le premier cas, vous auriez dû être convenable envers tout le monde; personne ne vous aurait discuté et vous auriez pu vous faire illusion.

Dans le second cas, vous auriez dû ne pas faire imprimer vos œuvres.

Vient ensuite tout un chapitre relatif à l'alcalinité des eaux sulfureuses, dans lequel on peut lire ce qui suit : *Tout ce qui a été écrit jusqu'ici sur la réaction* Page 296 *alcaline des eaux sulfureuses des Pyrénées est entaché de graves erreurs.*

Et puis des raisonnements dont on peut tirer successivement les conclusions suivantes :

Page 298 Donc, l'auteur des *Recherches sur les eaux des Pyrénées* se trompe.

Page 299 Donc, le même auteur ne se trompe pas.

Passons sur cette question de l'alcalinité dont nous nous sommes occupés déjà. Je n'ai pas l'intention de relever toutes vos fautes, ce serait trop long.
Page 311 Arrivons à vos méthodes d'analyse. Nous lisons à la page 311 :

Les sources de Luchon traitées par l'oxalate d'ammoniaque donnent un précipité d'oxalate de chaux. Après avoir filtré le mélange, si l'on ajoute de l'ammoniaque, du chlorhydrate d'ammoniaque et du phosphate de soude, on obtient un très-léger précipité de phosphate ammoniaco-magnésien.

Oh! oui, il doit être *très-léger* votre précipité.

Il me semble que tous les traités d'analyse, même celui de Frésénius qui, dites-vous, a donné pleine approbation à vos travaux, s'accordent à dire que lorsqu'on verse de l'oxalate d'ammoniaque dans une eau, ce réactif précipite et la chaux et la magnésie, à moins qu'on n'ait PRÉALABLEMENT additionné cette eau de chlorhydrate d'ammoniaque. Vous ne voulez pas faire comme tout le monde, c'est votre droit, et vous n'ajoutez le chlorydrate d'ammoniaque qu'après avoir enlevé la chaux et la magnésie par la filtration. Il est bien temps; c'est ce qu'on appelle dans mon pays : *de la moutarde après dîner.*

Et avec çà, le phosphate de soude vous donne encore un précipité de phosphate ammoniaco-magnésien.

Comment fait-il donc?

Vous nous donnez en détail votre manière d'opérer pour la détermination du degré sulfhydrométrique, et vous dites : Page 316

Il est déjà possible de dire, au moyen d'un simple calcul d'équivalents, qu'un quart de litre d'eau ayant exigé 40 *divisions de la burette, contient* 0^{gr},0123 *de monosulfure de sodium, ou* 0^{gr},0170 *de sulfydrate de sulfure de sodium, ou bien* 0^{gr},0055 *d'acide sulfhydrique.*

Eh bien! raisonnons. Je vais tacher d'être aussi clair que possible; je veux me mettre à la portée de toutes les ignorances. Espérons que vous me comprendrez.

Que le principe, contenu dans l'eau, soit du monosulfure de sodium, de l'acide sulfhydrique ou du sulfhydrate de sulfure; dans ces trois cas, les 40 divisions de votre liqueur iodée correspondront sensiblement à 0^{gr},005 de soufre.

Si nous admettons que ce soufre se trouve dans l'eau à l'état de monosulfure de sodium, il faut l'unir à ce métal dans la proportion de 16 à 23, ce qui nous donnera un poids de ce composé, égal à 0^{gr},0123.

Si nous avons des raisons de croire qu'il s'y trouve à l'état d'acide sulfhydrique, il faut l'unir à l'hydrogène dans le rapport de 16 à 1, ce qui nous donnera un peu moins de 0gr0054.

Enfin, si nous acceptons vos idées de sulfhydrate de sulfure, il faudra unir la moitié de ce soufre au sodium, dans la proportion de 16 à 23; l'autre moitié, à l'hydrogène, dans le rapport de 16 à 1, et ajoutant les deux résultats, nous arriverons au nombre 0gr00885, juste la moyenne entre les denx nombres obtenus quand on calcule tout le soufre à l'état de monosulfure de sodium et d'acide sulfhydrique.

Par conséquent, UN NOMBRE TOUJOURS PLUS FAIBLE QUE CELUI QUI REPRÉSENTE LE MONOSULFURE.

Je n'ai jamais pu comprendre, depuis que vous vous battez les flancs, pour trouver le sulfhydrate de sulfure dans les eaux des Pyrénées, quelle déraison vous pousse à donner à ce composé un poids plus fort que celui que vous adoptez pour son équivalent en monosulfure, et pourquoi vous persistez à porter le poids de l'équivalent de l'hydrogène, tantôt à 49, tantôt à 52, tantôt à 53, etc., etc. Croyez-vous grandir en le grossissant ainsi?

Deux remarques en passant :

Page 319 Vous préconnisez l'emploi du nitrate d'argent pour la désulfuration des eaux. Il ne vous souvient donc plus que vous l'avez condamné à la page 35, PARCE QU'IL PRÉCIPITAIT LES SULFATES?...

Vous vous êtes souvent servi du sulfate de plomb pour désulfurer vos eaux ; maintenant vous dites :

Mais je condamne complètement l'emploi du sulfate de plomb. Page 321

Avant d'attaquer les autres, vous devriez au moins vous mettre d'accord avec vous-même.

Monsieur Garrigou, venez près de moi... approchez-vous encore... encore un peu... là. Je veux vous parler de celle-ci bien bas, et, comme on dit, dans le tuyau de l'oreille. Il ne faut pas que vos ENNEMIS m'entendent. Lisons ensemble :

Or l'acide sulfurique réagissant sur le sulfure de plomb, le décompose et fait de nouveau dégager de l'acide sulfhydrique. Mais cet acide sulfhydrique trouvant encore de l'acide sulfurique, EST DÉCOMPOSÉ PAR CE DERNIER EN SOUFRE QUI SE PRÉCIPITE EN HYDROGÈNE QUI SE DÉGAGE. Page 323

En voilà deux grosses ! D'abord vous voulez que l'acide sulfurique, étendu de plus de dix mille fois, son poids d'eau décompose le sulfure de plomb, vous qui, à propos de l'expérience de Save, ne vouliez pas que ce liquide, beaucoup plus concentré, décomposât le sulfure de sodium.

Me voilà donc obligé de vous apprendre que le sulfure de plomb est, peut-être, de tous les sulfures celui qui résiste le mieux à l'action de l'acide sulfurique. Il faut que cet acide lui soit présenté très-concentré et bouillant pour qu'il se produise une décomposition dont le résultat sera la formation de sulfate de plomb et d'acide sulfureux. Mais jamais, au grand jamais, de l'acide sulfhydrique.

Et puis, le coup de la fin : l'*acide sulfurique décomposant l'acide sulfhydrique en soufre et en hydrogène !!!* Vous n'avez trouvé celle-là ni dans un livre, ni dans un laboratoire. Entre nous soit dit, elle n'a pu prendre naissance que dans un cerveau organisé comme le vôtre. Elle est à vous au même titre que Minerve à Jupiter. Je n'en voudrais d'ailleurs pour preuve que l'attachement que vous lui témoignez, les soins et la délicatesse dont vous avez entouré sa venue au monde. Déjà, à propos de l'expérience de Save, vous la laissiez pressentir. C'était son premier tressaillement, le signe précurseur de l'heureux événement. A présent, c'est l'enfantement dans toute sa plénitude. Pour bien assurer son existence vous la mettez *en équation :*

$$HS + SO^3 = SO^3 + S + H$$

La voilà maintenant bien acquise à la science. Et pour prouver qu'elle est née viable, vous vous en servez à la page suivante.

Après tout, vous faites bien de la chérir ainsi puisque vous en êtes le père. Laissez rire tout à leur aise ceux qui croient qu'il faut que l'acide sulfurique soit très-concentré pour avoir une action sensible sur l'acide sulfhydrique, et que même, dans ce cas, il se produit, non pas de l'hydrogène, mais bien de l'acide sulfureux.

Pour faire pendant à ce sublime produit de votre cerveau créateur, je ne crois pas pouvoir mieux faire que de choisir au milieu d'une douzaine de pages de valeur analogue le bijou suivant :

RECHERCHE DU CHLORE. — *Après avoir acidulé* Page 331 *deux litres d'eau sulfureuse avec de l'acide nitrique, j'ai évaporé cette eau à siccité et le résidu* CHAUFFÉ PROMPTEMENT AU ROUGE *a été repris par de l'eau acidulée avec de l'acide azotique, puis filtré et bien lavé. J'ai précipité dans cette eau les sulfates et* LES CARBONATES, *au moyen de l'azotate de barite ammoniacal et c'est dans l'eau, ainsi désulfurée et dépourvue de sulfates, de carbonates et de silice, que j'ai dosé le chlore, au moyen de l'azotate d'argent.*

Voilà une méthode hardie. Un chimiste vulgaire n'aurait pas osé l'employer. Il aurait pensé que pour doser le chlore dans une eau qui en contient, il convenait de ne pas le chasser d'abord pour le rechercher ensuite dans un résidu qui ne peut plus en contenir. D'ailleurs son azotate d'argent aurait été assez MALICIEUX pour lui dire qu'il n'y en avait pas. Mais VOTRE PHILOSOPHIE SCIENTIFIQUE procède autrement et votre azotate d'argent la seconde à merveille. Tout cela tient sans doute à ce que vous prenez le soin de vous débarrasser DES CARBONATES dans une eau DÉJA ACIDULÉE DEUX FOIS PAR L'ACIDE AZOTIQUE.

Après ces citations, on comprend que tout ce que je pourrais relever dans votre livre, ne doit présenter qu'un intérêt relativement médiocre ; mais je ne puis passer sous silence les nombres inscrits dans les tableaux de la fin contenant les poids des diverses substances que vous avez trouvées dans les eaux de Luchon. J'aime à croire que vous ne les avez pas donnés au hasard de la plume et c'est pour cette raison que je vais en dire quelques mots.

Vous avez écrit, dans le cours de cet ouvrage, que les eaux fournies par les diverses sources différaient beaucoup les unes des autres. Vos analyses ne contredisent en rien cette assertion, bien au contraire : je tiens d'autant plus à le constater que c'est la première fois que je vous vois d'accord avec vous-même. Ainsi, vous nous dites :

La quantité totale de matières tenues en dissolution par un litre d'eau varie entre 0gr21 et 1gr47.

Avant vous, on croyait qu'il n'y avait pas à Luchon de source sulfureuse contenant par litre plus de 0gr30 de substances fixes. Comme on était mal renseigné !...

Certaines sources renferment quatorze fois plus de chaux que d'autres. Cette disproportion pourra paraître un peu forte.

La quantité de soude varie depuis 0gr 021 à 0gr 898, c'est-à-dire qu'elle est quarante-deux fois plus forte dans une source que dans une autre. Et tandis que dans une eau la soude ne forme que la dixième partie du poids du résidu total ; dans une autre elle en constitue les neuf onzièmes, c'est-à-dire presque tout.

Le poids de l'acide sulfurique varie de 1 à 6. Celui du chlore de 0 à 0gr 042.

La matière organique (infusion de foin) de 0,015 à 0,114, il y en a donc sept fois et demi plus dans certaines sources que dans d'autres. Ce qui prouve que toutes les naïades de cette station thermale, ne sont pas aussi consciencieuses que vous et que certaines d'entr'elles ne chauffent pas leur chaudière jusqu'à 25 atmosphères.

Et ne dites pas, que ces écarts sont dûs à des fautes d'impression ; CAR ON POURRAIT VOUS PROUVER LE CONTRAIRE.

La source Richard supérieur possède, sur une partie de son parcours, un canal hydrostatique d'eau ordinaire, pour empêcher les infiltrations de l'eau minérale. On comprend jusqu'à un certain point, que lorsque ce canal n'est pas en charge, la composition de la source est un peu modifiée. Voyons comment vos analyses la font varier.

Le principe sulfureux.....	de	7	à	10
L'acide silicique..........	de	63	à	62
Le chlore...............	de	36	à	37
La soude................	de	112	à	202 !

La potasse..............	de	4	à	6
La chaux................	de	14	à	16
La magnésie.............	de	20	à	16
L'alumine...............	de	8	à	10
Le fer..................	de	1	à	1001 !!!!!
L'acide phosphorique.....	de	1	à	11 !!
La matière organique.....	de	54	à	114 !!!

Voilà donc votre monographie des eaux de Luchon !

Dites-moi, chimiste hors ligne, est-ce que l'auteur du malheureux travail sur l'origine des Basques, celui qui selon vous, *s'est plu à obscurcir toutes les questions tant par le verbiage qu'il a déployé à l'aide d'une pseudo-science perfide, que par le peu de soin qu'il a mis à être consciencieux et exact dans ses citations?* Est-ce qu'il s'est trompé aussi souvent que vous? Dans ce cas, vous avez eu dix fois raison de le traiter ainsi. Je trouve même que vous avez été bien indulgent à son égard.

Comprenez donc que tout le mal qu'on pourra dire de vous, ne vaudra jamais celui que vous vous êtes fait en publiant cet ouvrage.

CHAPITRE VI

Où le lecteur sera bien aise de trouver l'exposé d'une théorie nouvelle de la loi des substitutions, basée sur la composition chimique des eaux de Capvern.

Un fait, bien remarquable, se produisait depuis des siècles au pied de la chaîne des Pyrénées. Et personne ne s'en doutait ; mais il n'a pas échappé à votre sagacité, illustre Docteur.

Je me regarderais comme coupable envers l'humanité souffrante, si je ne proclamais bien haut les trésors de science contenus dans votre travail sur les eaux de Capvern ; et si je n'en fesais ressortir l'importance ; afin d'appeler sur eux, l'admiration de mes contemporains et même celle des siècles futurs. Il fallait l'œil bienveillant et la perspicacité dévouée d'un ami tel que moi, pour découvrir dans cette œuvre incomparable tout ce qui s'y trouve et pour montrer aux ignorants ébahis, ainsi qu'à tous les traînards de l'armée des chimistes, qu'une eau minérale peut contenir une quantité d'acide sulfurique plus considérable que celle qui est nécessaire pour saturer toutes ses bases et malgré cela ramener au bleu le tournesol rougi, à la barbe de ce même acide sulfurique confus et humilié.

Il est, en effet, hors de doute aujourd'hui, d'après

vos admirables recherches que l'eau de Capvern est acide et se rapproche à cet égard de celle du Rio-Vinagre. Par conséquent, celui qui boit un verre de cette eau, avale sans le moindre scrupule, une limonade sulfurique, agrémentée d'acide carbonique, d'acide silicique, d'acide azotique, d'acide phosphorique et parfumée au chlore. Je suis étonné qu'on n'ait pas encore eu l'idée de livrer au public, pendant les journées brûlantes de l'été, cette citronade géologique, bien préférable à l'affreux coco que vendent nos marchands ambulants.

Les personnes qui ont la mauvaise habitude de réfléchir et qui, par conséquent, sont dépourvues de cette philosophie scientifique qui vous guide dans vos travaux, demanderont comment il peut se faire que l'usage des eaux de Vichy qui sont ALCALINES guérisse ou soulage les malheureux affligés de goutte ou de rhumatismes et que les eaux de Capvern qui sont ACIDES puissent produire les mêmes résultats.

A ces ergoteurs, je répondrai par deux arguments sans réplique.

D'abord : SIMILIA SIMILIBUS CURANTUR.

Et puis, n'est-il pas démontré en chimie que le chlore peut se substituer à l'hydrogène ? et que malgré leur antagonisme, ces deux corps se rendent au besoin le service de se remplacer mutuellement dans une même molécule organique ; de telle sorte qu'on peut voir le chlore monter la garde, là où l'hydrogène était en faction quelques instants auparavant?

La substitution de l'eau ACIDE de Capvern à l'eau ALCALINE de Vichy dans le traitement des mêmes maladies, est un fait bien extraordinaire, sans doute; mais pas plus que celle du chlore à l'hydrogène. Votre modestie bien connue, vous a empêché, de faire ressortir autant qu'il eut fallu le faire, dans l'intérêt de la science, une découverte aussi remarquable et je suis sûr qu'une foule de personnes, ont lu votre analyse publiée tous les jours dans le journal de Capvern sans s'apercevoir du fait extraordinaire que dévoilaient ces quelques lignes écrites avec tant de *simplicité.*

Il est aisé de comprendre maintenant pourquoi l'eau de Capvern jouit d'une efficacité merveilleuse dans le traitement des maladies qui doivent leur origine à l'acidité de nos humeurs. Quand le chlore, métalloïde électro-négatif s'il en fut jamais, peut jouer le même rôle que l'hydrogène qui est un élément des plus électropositifs; une eau acide peut bien remplacer une eau alcaline. A cette partie de votre découverte on ne peut plus opposer une objection sérieuse.

Quand à ce second fait : qu'une eau qui ramène au bleu le tournesol rougi ne peut pas être acide; des ignorants, des jaloux peut-être ne voudront pas y croire. C'est pourtant la chose la plus naturelle du monde et je me fais fort d'obliger ces incorrigibles, à convenir de leur erreur. Je n'ai pour cela qu'à poser un principe, votre INFAILLIBILITÉ SCIENTIFIQUE BIEN DÉMONTRÉE, à rapporter votre analyse et à la discuter. Les hommes de science, honnêtes et droits, en feront leur profit et les autres seront réduits à se taire et à dévorer leur dépit.

Voici cette analyse. Vous remarquerez que j'ai eu le soin de placer en regard de chacun des nombres correspondant aux bases, la quantité d'acide sulfurique nécessaire pour les saturer :

Acide carbonique........	0,1153	
Acide sulfurique.........	0,8580	
Acide silicique...........	0,0029	
Acide azotique...........	0,0066	
Acide phosphorique......	sensible	
Chlore..................	0,0038	
Potasse..................	0,00029	0,0002462
Soude....................	0,0024	0,0030968
Lithine..................	0,0000026	0,0000072
Ammoniaque............	0,0018	0,0042353
Chaux. / Strontiane.	0,3199	0,4570000
Magnésie................	0,08749	0,1749800
Alumine..................	traces	traces
Fer......................	0,00021	0,0003150
Manganèse (sesquionyde)..	0,0000002	0,0000003
Cobalt..................	traces très-sensibles	
Mickel..................	douteux	
Cuivre (oxyde)..........	très-sensible	
Plomb...................	0,000025	0,0000089
Antimoine...............	douteux	
Arsenic.................	sensible	

Tellure..................	sensible
Matière organique.......	notable

Ajoutons ces diverses quantités d'acide sulfurique combiné, retranchons cette somme du nombre 0,8580 porté dans votre analyse et nous trouvons un excès de 0,2181103 !...

Qu'on vienne nous dire après cela que ces eaux sont alcalines.

Depuis le jour où parut une discussion de votre analyse de l'eau de Saint-Boës vous ne donnez plus les combinaisons probables des corps accusés par les réactifs. En cela, vous avez raison. Vous évitez ainsi d'être pris en flagrant délit d'ignorance des premiers éléments de l'arithmétique. Personne ne blâmera votre prudence. D'ailleurs, comme vous le dites avec raison, ces assortiments sont plus ou moins hypothétiques et votre esprit droit se plaît à ne donner que des résultats sûrs. Cependant, dans le cas qui nous occupe, vous auriez pu, sans crainte de vous tromper, au moins au point de vue chimique, établir ces combinaisons. La quantité d'acide sulfurique dominant celle des autres éléments, les lois de Bertholet s'appliquent dans toute leur rigueur; il ne peut y avoir que des sulfates et des acides libres.

Qu'il me soit donc permis de compléter votre travail en donnant ici le tableau de ces combinaisons. Il est assez piquant et son originalité plaira. Vous remarquerez que j'ai conservé dans ce groupement le degré d'exactitude que vous avez porté dans votre analyse. J'ai poussé mes calculs jusqu'à la septième décimale. Encore une fois comme les astronomes.

Acide carbonique libre...........	0gr 1153000
Acide sulfurique libre...........	0, 2181103
Acide silicique libre............	0, 0029000
Acide azotique libre.............	0, 0069000
Acide phosphorique libre.........	sensible
Acide chlorhydrique libre.........	0, 0039072
Sulfate de potasse...............	0, 0005362
Sulfate de soude.................	0, 0054968
Sulfate de lithine...............	0, 0000098
Sulfate d'ammoniaque............	0, 0069882
Sulfate de chaux et de strontiane.	0, 7769000?
Sulfate de magnésie..............	0, 2624700
Sulfate d'alumine................	traces
Sulfate de fer...................	0, 0005250?
Sulfate de manganèse............	0, 0000005?
Sulfate de cobalt................	traces très-sensibles
Sulfate de nickel................	douteux
Sulfate de cuivre................	très-sensible
Sulfate de plomb.................	0, 0000339
Sulfate d'antimoine..............	douteux
Arsenic..........................	sensible
Tellure..........................	sensible
Matière organique................	notable

!!! . . . .
. . . .

Enfoncé le Rio-Vinagre!.... Vive Capvern!... J'envie le sort de l'heureux tellure qui assiste tous les jours à cette lutte acharnée entre les acides et les bases dans laquelle ces dernières l'emportent, malgré leur infériorité numérique, éconduisant sans ménagements les malheureux acides.

On voit clairement que l'acide urique n'a qu'à se bien tenir, et que s'il s'avisait de venir tourmenter nos pauvres organes, il serait bientôt mis à la raison par les bases si énergiques contenues dans l'eau de Capvern. Tout ceci est d'autant plus remarquable que ni la marmite à vingt-cinq atmosphères, ni le foin ne sont nécessaires pour produire ces beaux résultats.

Vos ENNEMIS diront à cette occasion, que vous avez commis, soit dans le dosage des acides, soit dans celui des bases une erreur considérable, et que tandis que vous avez la prétention de déterminer les corps peu connus à UN DIX MILLIÈME DE MILLIGRAMME PRÈS, vous vous êtes trompé de plusieurs décigrammes sur ceux qui ont été le mieux étudiés. Ne vous laissez pas décontenancer, savant docteur, gardez votre aplomb habituel, il peut vous servir encore pour conquérir ou conserver les suffrages de certaines classes de gens. D'ailleurs, vous N'ÊTES PAS DE LEUR AVIS, PAR CONSÉQUENT, ILS SE TROMPENT.

Je maintiens que votre analyse est bien faite et que vous êtes une lumière médicale précieuse, à qui l'on doit la découverte dans les Pyrénées d'une source analogue à l'une de celles qui se trouvent dans le voisinage des volcans des Andes. Vous seul, d'ailleurs, pouviez expliquer d'une manière scientifique, philosophique et naturelle pourquoi une eau acide peut être substituée par la médecine à une eau alcaline dans le traitement des affections rhumatismales et autres.

Comme ces bons baigneurs de Capvern vont être heureux quand ils connaîtront mieux votre analyse. On les entendra, chaque matin, chanter, sur l'air de *la Casquette,* ce joyeux *refrain* :

> As-tu bu le tellure, le tellure;
> As-tu vu le tellure de Garrigou.

Et les échos des montagnes porteront jusqu'aux nuages votre nom et votre gloire.

CHAPITRE VII

Comme quoi après avoir découvert douze substances nouvelles dans une eau minérale, vous oubliez de mentionner la plus importante.

Il fallait un pendant à l'analyse des eaux de Capvern. Nous le trouvons dans celle des sources d'Aulus.

Ce nouveau travail se compose de deux parties.

Dans la première se trouvent quelques insinuations malveillantes à l'adresse de vos devanciers : l'exposé de vos méthodes et deux tableaux analytiques.

La seconde contient votre éloge et la liste des composés probables formés par les corps contenus dans les tableaux.

La première partie est votre œuvre avouée, elle porte votre signature.

La seconde est anonyme. Voudriez-vous faire croire qu'elle n'est pas de vous? Dans ce cas, vous prenez vos lecteurs pour des gens bien... naïfs. Le piége est trop grossier pour faire beaucoup de dupes. Vous avez beau ne pas signer vos écrits, monsieur Garrigou; ils sont trop caractéristiques pour qu'à l'œuvre on ne connaisse pas l'artisan.

Voyez vous-même et jugez.

Dans les tableaux de vos analyses directes, il y a sept corps exigeant des calculs pour figurer dans les analyses discutées. Cinq d'entre eux s'y trouvent accompagnés de nombres erronés. Cinq fautes sur sept opérations ; n'est-ce pas là votre arithmétique ?

Le chlore que vous portez dans votre première analyse directe à 0gr 0243 diminue tellement en se combinant qu'il ne peut faire que des traces de chlorures dans le tableau interprétatif correspondant. Et dans cette eau, que vous dites être alcaline, vous ne mentionnez que des composés neutres ou acides ; n'est-ce pas là votre chimie ?

Vous objecterez, peut-être, que si vous aviez écrit cette partie de votre publication, vous ne vous seriez pas désigné par ces mots : *ce savant chimiste.* A cela je répondrai : Monsieur Garrigou, nous connaissons votre modestie, et c'est là un argument de plus en faveur de la thèse que nous soutenons. D'ailleurs, je vous mets au défi de citer l'auteur de ces tableaux. Vous, seul au monde, êtes capable d'une pareille production, vous seul, par conséquent, pouvez en être coupable.

Je me propose, vous le comprendrez sans peine, d'être aussi incomplet que possible dans cette discussion. Tout dévouement a ses bornes, et, quel que soit mon désir de vous être agréable, je sens que je touche aux limites du mien. Si vous le voulez bien, nous réduirons ce chapitre à trois remarques.

La première est relative au passage suivant :

Dans des travaux du genre de ceux que je poursuis, on ne saurait trop mettre de soins et de bonne foi; je ne crains pas de dire que ces deux choses ont manqué dans certaines analyses des sources thermales des Pyrénées.

Bien souvent nous avons eu l'occasion d'apprécier *les soins et la bonne foi que vous mettez dans vos travaux.* Vous seul méritez ce double reproche que vous ne cessez d'adresser aux autres, sans comprendre de combien de ridicule vous vous couvrez.

La seconde se rapporte à l'alcalinité des eaux; vous dites :

Le captage des sources d'Aulus ayant mis à découvert quatre griffons paraissant se rattacher les uns aux autres, j'ai pris sur place le degré d'alcalinité de chacun d'eux, et les chiffres obtenus ONT PARFAITEMENT CONCORDÉ, *bien qu'il y ait une légère différence dans la température. Les degrés alcalimétriques repris à Toulouse, dans mon laboratoire, ont été les mêmes. Aux deux endroits l'alcalinité était représentée par 0gr 601 d'hydrate de chaux par litre.*

Ainsi les eaux de toutes les sources d'Aulus sont ÉGALEMENT ALCALINES. Or, d'après vos analyses directes, la source Bacque l'est à *peine,* tandis que la source Darmagnac l'est *beaucoup.* Et, d'après vos tableaux interprétatifs, la première de ces sources est *acide* et la seconde *neutre!...*

Je serais bien curieux de savoir, une fois pour toutes, ce que signifient ces mots, hydrate de chaux, dans une analyse quantitative. Combien d'eau, combien de chaux? vous vous gardez bien de le dire, et dès lors vous ne déterminez rien. Un antiquaire mesurait les dimensions des monuments qu'il décrivait avec son parapluie. Vous mesurez l'alcalinité des eaux avec une unité tout aussi arbitraire. De cette manière on ne pourra pas contrôler votre expérience. C'est là de la prudence; mais, je vous le demande, où est la bonne foi?

Troisième et dernière remarque.

Immédiatement après les tableaux de vos analyses directes où, par parenthèse, la somme des éléments de la source Bacque est fausse, vous écrivez :

Il me sera permis de faire remarquer que LE SOIN PORTÉ A CETTE ANALYSE, *et les méthodes employées m'ont conduit à constater dans l'eau d'Aulus la présence de douze substances, dont on n'y avait pas jusqu'ici signalé ni même soupçonné l'existence. (Strontiane, lithine, ammoniaque, rubidium, chrome, fluor, antimoine, tellure, plomb, bismuth, nickel, cobalt.)*

Il n'y en a pas seulement douze, savant docteur, il y en a bien treize, vous oubliez d'en citer une dont la présence se révèle d'un bout à l'autre de votre œuvre..... LE GASCONIUM!...

CHAPITRE VIII

Dans lequel nous allons examiner si l'on se trompe en vous comparant à la mouche du coche.

Je vais discuter votre travail sur les filtres qui fournissent l'eau des fontaines de Toulouse, et je le prends dans le *Bulletin de la Société d'histoire naturelle* (année 1871-72, p. 87).

Ici, encore un avant-propos, pour dire, comme toujours, du bien de vous et du mal des autres.

D'abord du mal des autres, c'est le plus pressé.

Après une absence de deux mois, je rentrai à Toulouse dans les derniers jours du mois de janvier 1872. Mon premier soin fut de m'informer des progrès faits par la commission des eaux, depuis mon départ. J'appris par les mêmes membres de la commission, auxquels je m'étais déjà permis de donner mon opinion, que les efforts accomplis jusqu'à ce jour ÉTAIENT RESTÉS INFRUCTUEUX. *La cause du mal et par suite le remède à lui opposer étaient encore tout à fait inconnus.*

Mis au courant des essais chimiques entrepris sur les eaux des filtres, ÉDIFIÉ SUR LES RÉSULTATS OBTENUS, *je n'hésitai pas à dire que la géologie et la chimie comparées pouvaient seules convenablement éclairer la grave question qui était à l'étude. Et qu'enfin les procédés opératoires employés par les deux chimistes attachés à la commission* ÉTANT TOUT A FAIT FAUTIFS NE POUVAIENT SÉRIEUSEMENT RIEN DÉMONTRER D'EXACT.

Voilà pour les autres. Passons à vous.

J'ai consacré à l'étude des eaux de Toulouse les mois de février, mars, avril et mai de la présente année..... J'ai mis à la recherche des substances que j'avais à doser, tout le soin et toute la rigueur possibles..... J'ai fait à la balance ou par des liqueurs titrées plus de deux mille dosages....... Je n'ai pas craint de travailler bien souvent jusqu'à dix-huit heures par jour..... En un mot, j'ai voulu porter à mon travail la conscience qu'on doit avoir dans les recherches intéressant, non-seulement la science, mais surtout une population dont la santé était gravement compromise.

Quelle différence entre vous et les deux chimistes attachés à la commission. Doivent-ils se sentir humiliés !... Mais continuons.

Le travail que je publie aujourd'hui, a été lu et approuvé par des ingénieurs, des géologues et des chimistes qui m'ont engagé à le publier immédiatement.

A propos de ce dernier passage, permettez-moi une toute petite digression.

Un jour, un monsieur frappait à la porte de Fontenelle. Il avait fait deux tragédies ; voulant en faire imprimer une, naturellement la meilleure, il venait auprès du grand littérateur lui demander son avis. Veuillez me les lire, lui dit Fontenelle. Le visiteur, aux anges, s'empresse de dérouler un premier manuscrit et commence sa lecture. Dès le second vers, Fontenelle l'arrête par ces mots : *Mon ami, faites imprimer l'autre.*

J'ignore si dans la préface de son livre cet auteur n'a pas écrit : *Le travail, que je publie aujourd'hui, a été vu et approuvé par l'illustre secrétaire de l'Académie, qui m'a engagé à le publier immédiatement.*

Laissons de côté vos coups de pied à l'adresse des autres, ainsi que l'encens que vous brûlez à votre honneur pour examiner la valeur scientifique de votre mémoire.

Vers la fin de 1871, les galeries filtrantes, destinées à fournir l'eau nécessaire à l'alimentation des habitants de Toulouse, étaient ouvertes pour l'établissement d'un tube de communication entre deux parties de ces filtres. Une crue subite de la Garonne fit que les eaux bourbeuses du fleuve envahirent les galeries. Et les filtres, qui jusque-là avaient fonctionné d'une manière irréprochable, ne donnèrent plus que des eaux de mauvaise qualité, fortement chargées de matière organique.

Une commission avait été nommée pour étudier le mal et y porter remède.

Il fallait pour cela suivre JOUR PAR JOUR l'état de l'altération des eaux et, par conséquent, n'employer à cette étude que les méthodes de dosage rapides; telles que l'hydrotimétrie, l'alcalimétrie, etc. Mais les moyens impliquant l'évaporation de l'eau, des manipulations variées, des réactifs nombreux devaient être écartés; par cela seul qu'il était impossible de les appliquer journellement.

Ce sont pourtant ces derniers procédés que vous préconisez. Selon votre habitude, vous en donnez tous les détails en double expédition. Ça grossit le volume et vous pose auprès des ignorants. Mais, au lieu de les copier textuellement dans les ouvrages d'analyse où vous les avez puisés, vous modifiez un peu le texte. Pour si faibles que soient ces changements, vous y apportez une si grande intelligence, que vous arrivez à des impossibilités qui font bien rire ceux qui savent un peu de chimie. J'ai déjà donné pas mal d'exemples de ce fait. Je puis donc m'éviter aujourd'hui la peine de vous suivre dans cet exposé, ce serait me répéter. Je me contenterai de faire une citation.

A la page 129, pour le dosage de l'alumine, vous versez de l'ammoniaque dans une liqueur contenant de la potasse caustique, et vous dites que l'alumine se précipite!... Allons donc!

Avec des méthodes aussi parfaites, vous n'avez pu faire que des analyses d'une exactitude rigoureuse. Voyons :

Vous voulez prouver que l'altération des eaux du filtre Vivent provient de ce qu'elles ne sont qu'un mélange des eaux de la Garonne et de celles qui arrivent par infiltration des terrains situés sur la rive gauche du fleuve. Pour prouver votre manière de voir, vous donnez d'abord des dosages de chaux et de magnésie, puis des analyses complètes.

Si ce mélange a lieu, il doit se faire à chaque instant dans un rapport déterminé. Et tous les éléments trouvés par vous, dans chacune de vos analyses, doivent être d'accord pour établir la proportion suivant laquelle il se produisit au moment où vous avez puisé l'eau.

Eh bien, savez-vous ce que donnent vos dosages de chaux et de magnésie?... Oh! des résultats inespérés, que voici :

Pour faire un mètre cube d'eau des filtres, il aurait fallu qu'il pénétrât dans les galeries,

	d'après la chaux.		d'après la magnésie	
	eau de Gar.	eau des terres	eau de Gar.	eau des terres
le 28 février	400 litres	600 litres	125 litres	875 litres
le 22 —	800	200	333	666
le 3 mars....	238	762	666	333
le 6 —	400	600	625	375
le 7 —	550	450	250	750

Est-ce assez merveilleux? Et peut-on espérer mieux que cela? Eh! sans doute, puisque vous avez pris à cœur de reculer les limites de l'impossible. Sans aller plus loin, dans ces mêmes déterminations de chaux et de magnésie, nous trouvons que du 20 au 21 février la quantité de chaux va en augmentant dans la Garonne et dans l'eau provenant des terres, tandis qu'elle va diminuant dans leur prétendu mélange!...

Et vos analyses complètes sont bien plus extraordinaires encore, on ne voudra pas le croire; mais c'est la pure vérité. Elles sont de nature à mettre, pour tout un hiver, de la gaieté sur la planche, en faveur des personnes qui voudront les regarder de près. Je vais les transcrire ici. Vous voyez bien que je ne suis pas un de vos ENNEMIS, puisque je veux contribuer à vous rendre célèbre.

PAR LITRE	EAU des TERRES	EAU de la GARONNE	EAU du filtre VIVENT
Acide carbonique. .	0gr 5874	0gr 1191	0gr 3622
Acide sulfurique. .	0 0728	0 0102	0 0223
Acide azotique. . .	0 0082	0 0016	0 0084
Silice.	0 0051	0 0052	0 0085
Chlore	0 0590	0 0022	0 0069
Potasse.	0 0017	0 0046	0 0080
Soude	0 0508	0 0056	0 0207
Ammoniaque . . .	0 0003	0 0011	0 0023
Chaux	0 2198	0 0646	0 1157
Magnésie	0 0284	0 0081	0 0150
Alumine.	0 0011	0 0105	0 0300
Fer.	traces	0 0085	0 0450!...
Matière extractive .	0	0	0 0015
Matière organique.	0 0612	0 0120	0 0320

! . . . .

! . . . .

On a souvent besoin d'un plus petit que soi.

Si j'avais eu l'honneur de faire partie de la commission des eaux, j'aurais, à la simple lecture de la troisième de ces analyses, fait une proposition qui aurait porté aux nues la prospérité de notre ville.

J'aurais demandé à la commission de se dissoudre, car, au lieu de chercher à remédier à ce que l'on appelait alors l'altération des filtres, il convenait de faire des vœux pour que les choses restassent toujours dans le même état.

Et dire que dans toute cette commission il ne s'est pas trouvé un homme, un seul, capable de vous comprendre!...

C'était bien la peine de réunir la fine fleur des

Naturalistes,
Ingénieurs,
Chimistes,
Professeurs.

Au lieu de tant de SAVANTS il aurait mieux valu deux SACHANTS, vous et moi.

Vous, pour découvrir cette richesse, et moi pour faire apprécier votre découverte.

45 MILLIGRAMMES DE FER PAR LITRE!...

Juste la composition de l'eau de Spa. Et un débit de 2,000 mètres cubes par jour; c'est-à-dire l'eau nécessaire pour traiter un million d'anémiques à la fois.

Que d'or... que d'or on aurait pu faire avec ce fer!

J'avais toujours pensé qu'en mettant de l'eau dans mon vin je l'affaiblissais, et qu'en mélangeant, par exemple, deux eaux salées contenant, par litre, l'une 100 grammes de sel, l'autre 50 grammes, un litre du mélange n'en renfermait jamais, ni plus de 100 ni moins de 50, mais bien, toujours, une quantité intermédiaire dépendant des proportions suivant lesquelles le mélange a été fait. Vos analyses prouvent le contraire, car on peut lire dans le tableau ci-dessus que deux eaux contenant l'une 82, l'autre 16 d'acide azotique par litre, donnent un mélange qui en contient 84.

Que pour la silice 51 et 52 font un mélange de	85
Pour la potasse 17 et 46 font un mélange de...	80
Pour l'ammoniaque 3 et 11 font un mélange de.	23
Pour l'alumine 11 et 105 font un mélange de...	300
Pour le fer 85 et une quantité impondérable font	450

Et si toutes les autres substances prises séparément n'offrent pas comme celles-ci des anomalies incroyables, elles donnent toutes, comme nous l'avons vu pour la chaux et la magnésie, des nombres différents pour la proportion suivant lesquelles le mélange des eaux devait se produire dans les filtres au moment où vous l'avez puisée.

Et comme conclusion à ces analyses vous osez écrire :

JE N'HÉSITE DONC PAS A DIRE *que l'assertion dont j'avais fait part à la commission, dès le jour de mon arrivée dans son sein, se trouve vérifiée* D'UNE MANIÈRE FRAPPANTE *par mon analyse.*

Tout autre que vous aurait au moins hésité ; car la vérification lui eût paru PEU FRAPPANTE.

Il reste, en effet, démontré par ce travail, CONDAMNÉ D'AVANCE COMME INUTILE PAR L'UN DES CHIMISTES DE LA COMMISSION, *que l'eau des filtres tient le milieu, par sa composition chimique, entre l'eau de la Garonne et l'eau de la nappe souterraine de Saint-Cyprien.*

Que voulez-vous, docteur, si ce chimiste est dépourvu de cette PHILOSOPHIE SCIENTIFIQUE qui vous fait déraisonner, ce n'est pas votre faute.

Cette eau des filtres N'EST DONC PAS AUTRE CHOSE QU'UN MÉLANGE *se produisant dans le radier des galeries entre les eaux d'infiltration venues de la Garonne et les eaux de la nappe souterraine qui alimente les puits du faubourg Saint-Cyprien.*

Si vous teniez tant à faire croire à ce mélange, vous auriez dû ne pas donner les chiffres de vos analyses, car ils prouvent tout le contraire.

Plus loin vous donnez une analyse des eaux fournies par les filtres de Portet. Et ses nombres sont si différents de ceux dont vous avez gratifié l'eau de la Garonne, qu'il est impossible d'admettre qu'il existe une relation quelconque entre ces deux eaux, si on admet l'exactitude de votre travail.

Ainsi, l'eau prise dans la galerie de ces filtres contiendrait, par rapport à l'eau de la Garonne :

Une quantité beaucoup plus considérable d'acide azotique ;

Le double presque d'alumine et de fer ;

Un tiers en plus d'acide carbonique et d'acide sulfurique ;

Un sixième en plus de matière organique ;

Un septième en plus de chaux ;

Une quantité égale de soude ;

Trois huitièmes en moins de magnésie ;

Le quart seulement de chlore et de potasse ;

Enfin, l'eau du filtre contient de la lithine, tandis que l'eau du fleuve n'en contient pas.

Voilà pour votre chimie. Examinons maintenant si votre logique s'est maintenue à sa hauteur d'autrefois.

Pour vous la question des eaux de Toulouse se résume dans ces deux propositions :

LES FILTRES DE LA PRAIRIE SONT MAUVAIS.

LE FILTRE DE PORTET EST AU-DESSUS DE TOUT ÉLOGE.

C'est au point que vous écrivez cent pages, parfois peu parfumées, contre les premiers, tandis que vous consacrez tout un long chapitre pour exalter le dernier.

Il serait facile de relever au moins cent quinze contradictions dans ces cent quinze pages ; mais ce serait long. Je laisse cet exercice aux personnes qui, ayant du temps à perdre, voudront s'en occuper. Je vais démontrer l'insanité de tous vos raisonnements, AU MOYEN DE TROIS NOMBRES : Les deux premiers sont pris à la page 121, le dernier est calculé d'après votre analyse de la page 198.

Voici ces trois nombres :

	Résidu total par litre
Eau de la Garonne.	0gr 2425
Eau du filtre Vivent	0gr 3525
Eau du filtre de Portet. . .	0gr 3890

Ils nous apprennent :

1° Que le filtre de Portet, si parfait D'APRÈS VOTRE PHRASÉOLOGIE, donnerait, D'APRÈS VOS ANALYSES, une eau beaucoup plus impure que celle du plus imparfait des deux filtres de la prairie au plus mauvais jour de son existence (le 20 février 1872).

2° Que, *malgré son envahissement par les eaux de la nappe souterraine,* le filtre Vivent ne charge les eaux de la Garonne que de 0gr 1100, tandis que, *sans le secours de ces infiltrations,* le filtre de Portet, votre Benjamin, les altérerait de 0gr 1465 !...

3° Que l'eau de Portet possédant 0gr 3890 d'impuretés, est inférieure en qualité à l'eau de la Seine, prise au centre de Paris, car celle-ci n'en contient que 0gr 3310 ! . . . .

! . . . .

! . . . .

Que faut-il croire, vos chiffres ou vos phrases?... Car je présume que vous n'avez pas la prétention de nous faire croire aux uns et aux autres.

Il me reste à examiner si l'assertion DE VOS ENNEMIS, prétendant que vous avez, surtout en cette occasion, si bien joué le rôle de la mouche du coche, est justifiée.

Les chimistes de la commission, qui s'occupaient de l'étude chimique des eaux, faisaient, *tous les jours,* des essais hydrotimétriques, ils déterminaient le degré alcalimétrique des eaux et les essayaient en outre au permanganate de potasse pour connaître la quantité relative de matière organique qu'elles contenaient.

Vous trouvez *ces procédés incorrects*, c'est tout naturel, et vous proposez le programme que voici :

1° Ouvrir deux puits entre les filtres et la place de l'ancienne barrière de Muret, afin d'étudier sur plusieurs points l'eau de la nappe souterraine avant son entrée dans les filtres.

2° Ouvrir un troisième puits entre la Garonne et les filtres, afin d'étudier l'eau de la nappe d'infiltration du fleuve avant son entrée dans les galeries.

3° Faire l'analyse chimique complète de l'eau de la Garonne, de l'eau des filtres, de l'eau des nouveaux puits à creuser, et enfin de l'eau du puits le plus rapproché du faubourg Saint-Cyprien.

Voilà un programme complet.

L'un des chimistes de la commission le déclare impossible à cause de sa longueur. C'est alors qu'éclate votre dévouement à la science et à l'humanité... *Je déclarai que j'entreprendrais le travail dont je venais d'exposer le plan.*

Bravo! docteur infatigable, je vous reconnais bien là! Ce cri du cœur restera dans les fastes de la science.

Mais on vous refuse de faire creuser les puits nécessaires à vos expériences. Est-ce bien possible?..... Oui, en plein dix-neuvième siècle, on a fait cela..... en France. Aussi, vous vous résignez et, mettant plusieurs bémols à la clé, vous dites ·

Il fallut m'arrêter à ce qui suit :

1° Faire journellement une analyse quantitative, mais succinte, de l'eau de la Garonne, du filtre Vivent et du puits de Saint-Cyprien le plus rapproché des filtres.

2° Analyser complétement ces trois mêmes eaux, plus celle de la prairie des filtres, puisées en même temps, dans la même journée.

3° Analyser une seconde fois l'eau du filtre Vivent, lorsque, fermant le robinet de communication avec le filtre de la prairie, on aurait forcé les alluvions de la Garonne à s'accumuler dans le filtre Vivent.

4° Faire une analyse chimique de l'algue desséchée.

Quoique un peu restreint, ce nouveau programme est encore assez beau. Courage, monsieur Garrigou ! Les chimistes de la commission vont être joliment distancés. C'est bien fait.

Je désirerais seulement vous demander une explication. Vous dites au troisième paragraphe : *Lorsque fermant le robinet de communication avec le filtre de la prairie on aurait forcé les alluvions de la Garonne à pénétrer dans le filtre Vivent.*

PAR OU DONC ENTRERONT-ELLES ces alluvions ?

Je vois bien que ma question vous fait sourire de pitié. Pardon, docteur, je ne suis pas, comme vous, un homme universel, ferré sur toutes choses *et quibusdam aliis*. Je juge ici avec ce qu'on appelle *le bon sens,* qui doit être *le mauvais,* puisqu'il n'est pas d'accord avec votre science.

Mais revenons à notre sujet, à vos programmes, dans lesquels vous nous PROMETTIEZ de faire infiniment mieux que les chimistes de la commission. Vous allez les mettre en pratique, je pense.

MAIS. Ah, il y a un MAIS? pas tout à fait, quelque chose qui s'en rapproche beaucoup et que voici :

Malgré ma bonne volonté et malgré celle de M. Castel, mon intelligent et zélé préparateur, IL A ÉTÉ IMPOSSIBLE *de terminer chaque jour l'analyse ainsi combinée sur les trois eaux différentes.*

Vous auriez dû ne pas faire cet aveu, car vous donnez raison au chimiste de la commission qui prétendait que le travail, proposé par vous, était impraticable à cause de sa longueur.

Et vous amoindrissez encore votre programme, vous vous bornerez désormais : *à suivre régulièrement le dosage de l'acide sulfurique, de la chaux et de la magnésie. Je prenais* DE TEMPS EN TEMPS *les degrés alcalimétriques; je dosais,* PAR INTERVALLE, *l'ammoniaque, les nitrates, le chlore et le résidu salin.*

C'est donner moins que les autres. Vous ne faites, en effet, tous les jours que le dosage de trois subtances, l'acide sulfurique, la chaux et la magnésie; négligeant la plus importante de toutes, la matière organique.

Et ce n'est pas tout, car je trouve plus loin cet aveu : *N'étant pas complétement satisfait des dosages de la chaux et de la magnésie.*

Vous n'avez donc fourni de bon, selon vous, que les dosages de l'acide sulfurique, et vous n'avez pas donné les nombres qui les représentent; mais seulement ce que vous appelez des courbes qui ne sont pas même accompagnées de leurs cordonnées et qui, par leur point d'inflection, indiquent que vous avez fait treize déterminations de ce corps.

Ainsi, après avoir promis *plus de deux mille dosages faits avec tout le soin et toute la rigueur possibles,* vous nous servez :

13 dosages d'acide sulfurique dont vous êtes satisfait,

10 dosages de chaux et 5 de magnésie dont vous n'êtes pas content,

2 essais alcalimétriques,

et une détermination de résidu salin;

en tout 31 opérations. Et c'est pour ce grand labeur que vous *n'avez pas craint de travailler jusqu'à dix-huit heures par jour?...* pendant quatre grands mois?

Ajoutons à cela que vous vous êtes conduit, dans cette commission, d'une manière tellement digne, qu'elle s'est vue dans la nécessité de vous infliger un blâme à deux reprises différentes.

Et de votre désintéressement, en parlerons-nous? Qui donc, ayant fait partie d'une commission instituée dans un but d'intérêt public, a eu seulement l'idée de demander une rétribution quelconque?... Vous, vous avez estimé votre dévouement à *la science et à l'humanité* dans cette affaire, à une somme considérable qui vous a été refusée, cela va sans dire.

Après bien du travail, le coche arrive en haut.
Respirons maintenant, dit la mouche aussitôt,
J'ai tant fait que mes gens sont enfin dans la plaine.
Ça! messieurs les chevaux, payez-moi de ma peine.

DEUXIÈME PARTIE

CHAPITRE UNIQUE

Un paon muait,
Un geai prit son plumage.

Après la lecture de ce qui précède, on pourrait croire qu'il n'y a rien de bon dans tout ce que vous avez publié. Je ne veux pas laisser les personnes qui me feront l'honneur de me lire, porter sur vos écrits un jugement aussi erronné, et je m'empresse de leur faire savoir qu'il y a de fort belles choses dans vos livres.

Il est vrai que vos ENNEMIS prétendent que vous les avez prises à d'autres. Nous examinerons s'ils disent vrai, et, quand même nous serions obligés de leur donner raison, je ne vois pas quel préjudice ils vous auront porté. N'y a-t-il pas eu, de tout temps, des hommes qui doivent leur gloire à ce qu'ils ont su prendre le bien d'autrui?..... Alexandre..... César..... et tant d'autres.

D'ailleurs, pour prendre, il faut avoir de l'habileté ou de l'audace. Et si vous avez puisé dans les écrits des autres, c'est que vous aviez l'une ou l'autre de ces deux qualités, peut-être même toutes les deux. Ne vous inquiétez donc pas trop de ce que peuvent dire les envieux ; laissez parler les maladroits et les timides. Le geai paré des plumes du paon, était-il moins beau?

Vous avez commencé jeune ce noble métier. Vous êtes entré dans la voie des emprunts dès votre première publication. Votre travail sur les eaux d'Ax en contient bien cinq ou six exemples.

Tout d'abord vous y allez comme par mégarde, vous oubliez de citer le nom de l'auteur, voilà tout; mais vous ne dites pas ceci est de moi. Et le lecteur, s'il n'est pas au courant de la science, croit que c'est à vous.

Plus tard, vous vous enhardissez et, joignant la malice à l'audace, vous inventez un système à vous, un genre qui, ma foi, ne manque pas d'esprit et que je recommande aux plagiaires de l'avenir.

Cette méthode de détournement consiste à citer le nom de l'auteur qu'on veut dépouiller dans un passage assez court où l'on a le soin d'oublier la partie capitale de la découverte; puis on va à la ligne et on la raconte *in extenso*, cette fois, mais en se l'attribuant. Exemple :

On sait que l'un des problèmes les plus difficiles à résoudre, pour les savants qui ont étudié la composition des eaux sulfureuses, celui qui a le plus occupé leur sagacité, a été de découvrir la cause du blanchiment de certaines de ces eaux. Successivement Bayen, Anglada, Fontan, ont essayé de donner une explication de ce singulier phénomène sans y parvenir d'une manière complète. A M. Filhol était réservé cet honneur. Ses longues et pénibles recherches ont été couronnées de succès. Nous trouvons dans son livre sur les *Eaux sulfureuses des Pyrénées*, publié en 1853, p. 329, la théorie qu'il a publiée à ce sujet.

Cette théorie peut se résumer de la manière suivante : les eaux riches en sulfure et contenant de la SILICE EN EXCÈS ou de l'ACIDE CARBONIQUE peuvent subir la modification suivante : LA SILICE ou l'ACIDE CARBONIQUE décomposent le sulfure de manière à mettre en liberté de l'acide sulfhydrique, et l'oxygène de l'air vient à son tour décomposer ce dernier pour donner lieu à un dépôt de soufre très-divisé qui blanchit l'eau. Dans le cas d'un air limité, il se forme d'abord un polysulfure qui, sous l'influence de LA SILICE EN EXCÈS ou de l'ACIDE CARBONIQUE et de l'air, donne encore lieu à un dépôt de soufre.

Et vous dites dans votre livre sur les *Eaux sulfureuses d'Ax*, imprimé *neuf ans plus tard*, page 86 :

« *M. Filhol admet, lui aussi, l'air comme jouant le* « *rôle principal dans le phénomène du blanchiment* « *des eaux sulfureuses. Mais il croit cependant à l'in-* « *fluence, quoique bien légère, des sels de chaux et de* « *magnésie.* »

Ainsi, rien au compte de M. Filhol, relativement à l'action préalablement indispensable de LA SILICE ou de L'ACIDE CARBONIQUE qui fait le fond de sa découverte. Mais vous continuez ainsi :

Voici, POUR MA PART, *comment je crois que les*

choses se passent dans le phénomène que j'étudie en ce moment :

J'ADMETS *que la désulfuration du sulfure* et la *production du soufre libre peuvent se faire dans trois circonstances principales : 1° lorsqu'il y a dans l'eau de l'acide sulfhydrique libre qui vient se mettre au contact de l'oxygène de l'air; 2° lorsqu'en présence d'une eau riche en sulfure il y a de l'oxygène et de* LA SILICE *en excès; 3° lorsqu'avec l'air et* LA SILICE EN EXCÈS *ou* L'ACIDE CARBONIQUE, *il y a un* POLYSULFURE *en même temps qu'*UN SULFURE.

Ainsi la théorie tout entière à changé de maître.

Plus tard, le 13 mai 1867, vous publiez un travail de généralité sur les eaux thermales des Pyrénées. Où en prenez-vous les éléments? Un peu partout; mais surtout dans les ouvrages de votre ancien professeur. La *Gazette médico-chirurgicale* reçoit un extrait de ce mémoire; mais qui a rédigé cet extrait? C'est encore vous, Monsieur Garrigou, qui, pour plus de sûreté, n'abandonnez pas à d'autres le soin de publier les comptes-rendus de vos œuvres; je le possède écrit de votre propre main. Examinons ce résumé :

« Première partie d'une étude comparative des « sources thermales des Pyrénées, au triple point « de vue chimique, géologique et médical, par le « Dr Garrigou, de Tarascon (Ariége), médecin con« sultant à Ax (Ariége). »

« Le géologue, le chimiste et le médecin doivent

« se donner la main pour organiser un établisse-
« ment thermal le plus convenablement possible.
« Le géologue découvre, augmente et aménage les
« sources thermo-minérales; le chimiste les ana-
« lyse, et le médecin, en les administrant à ses ma-
« lades, veille à ce que des mélanges inopportuns
« n'en altèrent pas les qualités.

« C'est surtout quand on veut généraliser que les « trois sciences énumérées doivent unir leurs efforts. « Par leur combinaison, L'AUTEUR est arrivé à for- « mer les bases d'une science hydrologique nou- « velle (*Touchante modestie!*). Ses études d'ensemble « ont surtout porté sur les Pyrénées, et de ses pu- « blications antérieures (*lesquelles?*) il résulte une « division méthodique des sources thermales de cette « chaîne.

« Il divise cette chaîne en deux groupes (*ceci est « de M. Filhol : Recherches sur l'alcalinité comparée « des eaux des Pyrénées,* pages 7, 8 et 12) :

« Le groupe de l'est comprend : 1° les établisse- « ments des Pyrénées-Orientales (Amélie, le Vernet, « Olette, etc.): 2° celui d'Ax, dans l'Ariége; celui « de Luchon. (*Tout cela est encore de M. Filhol.*)

« Olette et Luchon sont complétement différents « l'un de l'autre par l'alcalinité très-grande à Olette « (*ceci appartient à M. Bouïs*); nulle à Luchon « (*Filhol et ses prédécesseurs*) par la présence de « l'acide sulfhydrique libre, considérable à Luchon « (*Filhol*); nulle à Olette. (*Erreur. — Les eaux d'O- « lette ne peuvent que dégager beaucoup d'acide sul-*

« *fhydrique libre, parce qu'elles sont chaudes, sulfu-*
« *reuses et siliceuses.*) »

Et vous continuez ainsi, prenant tour à tour à MM. Filhol, Bouïs, François, Soubeiran et autres, ce qu'ils ont écrit de plus remarquable sur la matière! C'est là ce que vous appelez vos études d'ensemble et vos publications antérieures? Si vous faites un pas en dehors de ce qu'ont dit les autres, vous énoncez une erreur.

Vous vous enfoncez dans cette voie, jusqu'à méconnaître le plus sacré des devoirs, jusqu'à dépouiller vos amis quand ils sont morts.

J'ouvre les *Mémoires de l'Académie des sciences de Toulouse* de 1859, cinquième série, tome 3, page 46, et je trouve un mémoire de M. Filhol sur des travaux déjà couronnés par l'Institut en 1855.

Puis les *Comptes-rendus des séances de l'Académie des sciences* de 1864, tome 59, page 433, et je vois un mémoire de M. Martin et de vous, dans lequel, pour votre apport, vous donnez la découverte de M. Filhol.

Enfin, l'*Union médicale* du 16 mai 1867, où se trouve insérée l'analyse d'un mémoire présenté par vous à l'Académie de médecine, dans lequel vous vous attribuez et la découverte de M. Filhol et celle de M. Martin. Ce mémoire vous l'avez publié et mis en vente. Je l'ai acheté à Ax.

Après ces constatations, nous sommes bien obligés de reconnaître qu'au point de vue de l'honnêteté scientifique comme à celui de la science vos ennemis ont raison. Vous avez été peu scrupuleux dans vos..... citations.

Eh bien! franchement, on ne s'en doutait pas. Vous aviez eu l'adresse de ne piller que les savants qui vous connaissaient et qui, par conséquent, se gardaient bien de vous lire. Pourquoi donc avez-vous commis l'imprudence d'accuser l'un d'eux de ce méfait à votre préjudice? Et surtout pourquoi vous vanter de votre honnêteté dès la première ligne de votre calomnieuse attaque? Une honnête fille ne parle jamais de sa vertu. Ce jour-là vous avez été bien mal inspiré. Cette précaution a donné l'éveil; on a compulsé vos œuvres et on y a vu..... beaucoup de choses qu'on n'y soupçonnait pas.

TROISIÈME PARTIE

CHAPITRE UNIQUE

Où l'on verra de quelle manière vous comprenez la reconnaissance.

Discuter la valeur d'un homme au point de vue de la délicatesse de ses sentiments, serait difficile dans un grand nombre de cas. C'est facile quand il s'agit de vous, car vous avez eu le soin de vous peindre dans vos écrits. Quelques citations textuelles, empruntées à vos publications et rapprochées les unes des autres suffiront pour faire apprécier la noblesse de votre caractère et la pureté de vos intentions.

Mais, avant tout, établissons le fait suivant :

Au sortir des bancs du collége, vous avez demandé et obtenu la protection de M. Filhol, professeur de chimie à Toulouse. A partir de cette époque, pendant treize ans, sa sollicitude ne vous a pas perdu de vue un seul instant. Après votre doctorat, vous avez été reçu dans son intimité et comme moi, comme tant d'autres, vous avez été son élève, plus que gratuit, car cet homme de bien n'a jamais reçu de rétribution pour les leçons qu'il a données, et nous puisions tous dans son laboratoire, entretenu à ses frais, les réactifs et les instruments nécessaires à nos études. Vous avez fréquenté ce laboratoire pendant huit ans, jusqu'en 1867.

Ceci posé, commençons nos citations.

En 1862, vous avez dédié à M. Filhol votre premier ouvrage. Je transcris la dédicace qui est en tête de ce livre :

« Cher et honoré Maître,

« Votre bonté toute paternelle et votre savoir se sont donné la main pour guider mes premiers pas dans une science où vous occupez un rang si élevé. Permettez-moi de vous remercier ici d'une manière publique des bontés et des soins que vous m'avez prodigués.

« Daignez agréer la dédicace de mon premier travail sur les eaux minérales comme une marque bien faible de la reconnaissance et de la sincère affection

« De votre élève et bien dévoué ami,

« F. GARRIGOU, *d.-m.-P.* »

On peut lire plus loin dans la préface :

« Ce n'est que poussé par un homme, dont le nom fait autorité en pareille matière, que j'ai voulu reprendre les travaux de mes prédécesseurs et essayer de faire quelque chose de plus. C'est seulement sous les auspices du maître et de l'ami que je viens de citer que je me suis décidé à entreprendre l'ouvrage que je publie aujourd'hui. »

Puis, à propos de recherches de M. Filhol sur les eaux d'Ax :

« C'est là le premier travail chimique exécuté, d'après les procédés actuels, sur l'ensemble des eaux d'Ax. Aussi le nom du savant professeur est-il devenu cher aux habitants de cette station minérale, qui ont voulu que l'un des établissements du Couloubret portât le nom de bain Filhol. »

De 1862 à 1867 les travaux de M. Filhol sont toujours appréciés par vous de la même manière. J'emprunte à un mémoire que vous avez publié en 1867, dans le *Recueil de la Société d'histoire naturelle de Toulouse,* les passages suivants :

« Cet éminent chimiste, étudiant les eaux des Pyrénées, a montré, chose aussi délicate à exécuter qu'utile à connaître, les différences qui existent entre elles. . . . .

. . . .

« Mes observations recueillies avec le soin que mon savant maître a le don d'inculquer à ses élèves viennent aujourd'hui confirmer de la manière la plus formelle le fait entrevu pour la première fois par M. Filhol. »

Voilà certes des témoignages d'estime et de reconnaissance bien nombreux envers votre premier maître. Ils étaient spontanés, ils se sont produits pendant cinq ans. Étaient-ils sincères? C'est ce que nous allons voir.

A partir de 1867 tout change de face. Vous

intentez à votre maître et ami une querelle que j'appellerai volontiers une querelle d'Allemand : M. Filhol avait fait avec vous, à frais communs, des fouilles dans les grottes de l'Ariége. Il fit paraître à l'exposition de Paris, dans les galeries de l'histoire du travail, à côté d'un squelette entier d'*ursus spelæus* et d'une tête de *felis spelæa,* qui provenaient de ses recherches particulières, huit ossements ou pierres provenant de vos recherches communes. Ces ossements étaient sa propriété, car il avait payé sa part des fouilles. Leur description avait été publiée par vous et M. Filhol fils. Nul ne songeait donc à contester votre part de droits à leur découverte. Vous fûtes fâché de voir que votre nom ne figurait pas à côté de celui de M. Filhol. Et partant de là vous avez publié contre votre ancien maître et ami une diatribe des plus violentes.

Était-ce bien le vrai motif de votre rupture?

Non, ce n'en était que le prétexte. La véritable raison de votre colère, c'est que la reconnaissance pèse à votre noble cœur, vous avez cru pouvoir vous en affranchir par un scandale et vous avez saisi cette occasion pour lancer, contre celui qui, pendant huit ans, vous avait prodigué ses soins et ses leçons, un factum ridicule à force d'être violent. On en jugera par ce passage que j'en extrais :

« Votre conduite m'a appris à vous connaître, vous avez abusé de moi ; de nos deux amitiés, la mienne seule était sincère et avait fait ses preuves; la vôtre n'était qu'intéressée, les faits l'attestent.

« Vous me retirez votre estime, dites-vous, ELLE NE M'EST PLUS UTILE. J'ai celle qu'on accorde aux gens qui suivent la ligne droite. »

Il paraît que, pour vous, SUIVRE LA LIGNE DROITE c'est passer, au besoin, sur le corps de son bienfaiteur. Et puis ces quelques lignes renfermant un mensonge : *La mienne seule était sincère et avait fait* SES PREUVES. En quoi avait-elle fait ses preuves? Vous n'avez jamais rien fait pour M. Filhol.

Mais ouvrez donc les yeux. La rage de l'ingratitude vous possède et vous aveugle à tel point que vous vous insultez vous-même. Vous écrivez là, en toutes lettres, que vous ne tenez à l'estime des autres qu'autant qu'elle peut vous être UTILE. Mais vous commettez une maladresse sans exemple. Ces choses-là vous pouvez les penser, si bon vous semble, vous ne devez pas les avouer, du moment, surtout, que vous posez pour la DROITURE.

Je comprends bien que vous ne pardonnerez jamais à M. Filhol de vous avoir tant donné et que vous ne serez en paix avec votre conscience que si vous parvenez un jour à lui faire autant de mal qu'il vous a fait de bien : mais, au nom du ciel, ne le dites pas, vous seriez très-sévèrement jugé par les gens qui suivent réellement LA LIGNE DROITE.

Donc c'est bien entendu, vous croyez pouvoir voler de vos propres ailes, l'estime de votre ancien maître et ami ne vous est plus utile, désormais vous pourrez l'attaquer à plaisir et vous n'y manquerez dans aucune de vos publications.

Ainsi, dans votre brochure sur la sulfhydrométrie, se trouve une charge à fond contre votre ancien protecteur, à propos de son analyse de l'eau de Bonnes. Cette analyse avait été publiée en 1861; mais en 1859, deux de ses amis, sachant qu'il étudiait les eaux de cette station, l'avaient prié de leur communiquer les résultats obtenus dans ses premiers essais. M. Filhol les copia sur son livre de laboratoire et les leur transmit. Ils furent insérés dans le *Dictionnaire des Eaux minérales.*

De 1859 à 1861, M. Filhol continua ses recherches et vérifia ses résultats. Personne, assurément, ne pourra trouver étrange que le travail définitif, publié par l'auteur lui-même, présentât quelque différence avec l'ébauche dont j'ai parlé. Ces différences sont d'ailleurs tellement faibles qu'elles s'expliquent de reste par les variations de composition des eaux reconnues depuis longtemps et acceptées par tous. Pour qu'on puisse juger le cas, je vais mettre en regard les nombres portés dans ces deux analyses, en ne faisant aucune hypothèse sur la manière dont les éléments peuvent y être groupés.

	1859	1861	Différences
Soufre.	0,0086	0,0086	0,0000
Chlore.	0,1602	0,1602	0,0000
Acide sulfurique	0,1029	0,1130	+ 0,0101
Acide silicique .	0,0524	0,0500	— 0,0024
Soude.	0,1667	0,1690	+ 0,0023
Chaux.	0,0720	0,0677	— 0,0043
Potasse	0,0480	0,0480	0,0000
Ammoniaque . .	traces	traces	. . . .
Fer	traces	0,0005	+ 0,0005
Iode.	traces	traces	. . . .
Borate de soude	traces	traces	. . . .
Phosphates . . .	traces	traces	. . . .
Fluor	traces	traces	. . . .
	0,6108	0,6170	0,0062

Ainsi la différence totale correspond à un centième de l'ensemble des matières contenues dans l'eau. Avais-je tort de dire qu'il n'y avait pas erreur? Et c'est à cette occasion que vous dites :

« Il faut absolument qu'il y ait dans l'une ou l'autre de ces deux analyses des erreurs énormes, soit de dosage, soit de groupement, ou bien des erreurs volontaires de chiffres pour faciliter, suivant la théorie à soutenir, le groupement supposé de telles ou telles substances entre elles. »

Et plus loin vous ajoutez : « Le dosage de la chaux est inexact, ou bien M. Filhol a donné pour cette partie de l'analyse un résultat purement de fantaisie. »

Raisonnons, Monsieur Garrigou. La plus grande différence à signaler se rapporte à l'acide sulfurique, elle est de un centigramme. C'est, dites-vous une erreur énorme. Comment donc qualifierez-vous celle que vous donnez dans l'analyse de l'eau de Capvern, qui est vingt-deux fois plus considérable! Et celle qui concerne la soude de la grotte inférieure de Luchon qui est quatre-vingts fois plus grande? Et celle du fer pour la source de Richard supérieur qui est cent fois plus forte? etc., etc..... O droiture du docteur Garrigou!...

M. Filhol a discuté les procédés d'analyse de M. Martin, c'était son droit. A vous entendre, il aurait accablé M. Martin de reproches injustes. Je vous mets au défi de prouver que, dans ce qu'il a écrit à ce sujet, votre ancien maître se soit un seul instant écarté des convenances. Voyons si vous n'avez pas essayé de causer un plus grand dommage aux travaux du savant ingénieur.

Martin était arrivé, dites-vous, à établir les propositions suivantes à propos des eaux de Bonnes :

1° Il ne se dégage pas de l'acide sulfhydrique;

2° Tout le soufre du monosulfure de sodium passe, sous l'influence d'un air limité, à l'état de bisulfure. Et qu'enfin il se produit un hyposulfite, et pas de sulfate.

Quelques années plus tard, vous nous apprenez que, suivant Martin, ces mêmes eaux renferment un bisulfate..... Un bisulfate dans une eau à réaction alcaline!... C'est, vous l'avouerez, donner une bien triste idée de l'intelligence de votre ami.

Allons plus loin. Dans votre monographie des eaux de Luchon, vous admettez les idées de dissociations de M. Béchamp. Dès lors, les eaux de Bonnes ne doivent contenir ni du sulfure de calcium, comme vous l'avez prétendu une première fois, ni du sulfure de sodium, comme vous l'avez soutenu plus tard, mais bien de l'acide sulfhydrique et de la chaux ou de la soude.

Mais alors les idées de Martin sont fausses d'un bout à l'autre, car :

1° Il doit se dégager de l'acide sulfhydrique;

2° Il ne peut pas se faire un bisulfure;

Encore moins un hyposulfite et un bisulfate.

Que penserions-nous de Martin si nous admettions que ses travaux n'ont pas été modifiés par vous, après sa mort, suivant les besoins des causes que vous avez successivement soutenues, et si les absurdités que vous lui prêtez n'étaient pas de votre fait?

Oh! c'est bien vous qui lui attribuez les rêves que votre folle imagination vous a suggérés.

Dois-je continuer cette discussion et poursuivre cette nomenclature déjà si longue et pourtant si incomplète? Non, c'est assez pour aujourd'hui. Je ne veux pas même citer le nom de ce déclassé de la médecine qui s'est fait le porte-drapeau de votre savoir, de votre honnêteté et de votre droiture. Je ne nommerai pas davantage celui qui, par une lettre, vous a donné l'occasion de revenir sur la question des eaux Bonnes. Vous l'avez appelé votre savant ami, vous avez inscrit tout au long sa lettre dans la préface du plus extravagant de vos ouvrages. Il est assez puni comme cela.

CONCLUSION

N'est pas TRISMÉGISTE qui veut, Monsieur Garrigou, vous avez beau publier des ouvrages au *triple point de vue* de la chimie, de la géologie et de la médecine, vous poser vous-même, *au triple point de vue* de la science, de l'honnêteté et de la droiture, on ne croira pas plus à votre trimorphisme qu'à celui du soufre de Saint-Boés.

Plus vous marcherez dans cette voie et plus vous augmenterez la couche de ridicule dont vous avez couvert votre personnalité : sans doute, pour échapper à la discussion, vous ne publierez plus que des tableaux interprétatifs de vos analyses. Vous profiterez de mes conseils, et dans une nouvelle édition de vos œuvres vous corrigerez les fautes que je vous ai signalées ; mais, je le crains, vous ferez toujours de la chimie, si vous avez encore quelque espoir de succès auprès des personnes dont la science est en harmonie avec la vôtre. Voir votre nom imprimé à la fin d'un écrit grotesque sera, pour vous, un suprême bonheur et vous continuerez encore votre rôle de chimiste en représentations.

Un conseil encore, un dernier conseil qui a bien sa valeur.

S'il vous arrive jamais, de Toulouse ou d'ailleurs, quelques couplets anonymes, n'en faites pas accuser un ami tel que moi ; il pourrait vous prouver, comme je viens de le faire, qu'il ose signer ses écrits, même quand ils s'adressent à vous et qu'ils contiennent de dures vérités.

Toulouse, imp. Édouard Privat, rue Tripière, 9. — 207

www.ingramcontent.com/pod-product-compliance
Lightning Source LLC
Chambersburg PA
CBHW071209200326
41519CB00018B/5449

* 9 7 8 2 0 1 9 5 8 7 1 4 7 *